小動物基礎臨床技術シリーズ

創傷管理
― ドレッシングと縫合 ―

著 山本 剛和

EDUWARD Press

序　文

　このたび、犬猫の創傷管理に関する書籍を執筆する機会を得た。私自身は外科専門医でも獣医形成外科のスペシャリストでもない。一介の開業獣医師である私が「創傷管理」という比較的ニッチな分野に興味をもったのは、今から20年以上前（2000年頃）のことである。当時、ヒトの医療ではMoist Wound Healingという考え方が主流になりつつあり、従来の「ガーゼをあてて乾かす」方法が否定され、創の湿潤環境を保つためのさまざまな近代ドレッシング材が開発されていた。しかし、獣医療ではこれらのドレッシング材の使用はまだあまり一般的ではなく、使用法に関する体系的な情報もきわめて乏しい状況であった。私はこれら新規のドレッシング材を用いた創傷管理に興味をもち、次第に皮膚形成外科全般に興味を広げていった。とくに、Michael M. PavleticらによるAtlas of Small Animal Reconstructive Surgery 2nd ed.（あの赤い大判のアトラス本）やDaniel D. Smeak（コロラド州立大学）の軟部外科セミナーは、当時の私にとって大きな学びときっかけとなった。その後、紹介や転院症例を診る機会が徐々に増え、現在に至っている。

　本書は、初学者や若手獣医師向けの内容となっている（皮弁／フラップや植皮／グラフトなどの形成外科・再建外科テクニックの詳細についてはほかの専門書を参考にしてほしい）。したがって、これまで創傷治療に苦慮した経験があまりない、術創が離開した経験などない、という先生方にとって、本書は必要ないかもしれない。しかし実際には、何度縫合しても創が開いてしまう、離開するたびに皮膚が裂けて創が拡大してしまうといった症例に頻繁に出会う。そのなかには、当然ながら犬猫側の要因が大きい場合もあるが、獣医療者側の要因も決して無視できるものではないと感じている。本書では、基本的な外科手技やバンデージ手技を含むドレッシング管理について、初歩的な知識から実践的なポイントまで、できるだけわかりやすく解説した。

　本書の内容が、犬猫の創傷管理に携わる獣医師と、そして「治らないキズ」を抱えて苦しむ犬猫およびそのご家族にとって少しでもお役に立つものとなってくれたなら、これ以上の喜びはない。

2024年8月吉日

動物病院エル・ファーロ

山本剛和

目　次

序　文 ……………………………………………………………………………… 3
本書の使い方 …………………………………………………………………… 6

第1章　創傷の概要

はじめに …………………………………………………………………………… 8
創傷の名称と種類 ……………………………………………………………… 8
創傷の治り方 …………………………………………………………………… 11
創傷（二次治癒）の治癒過程 ………………………………………………… 12
犬と猫での創傷治癒の違い …………………………………………………… 13
創傷の治療方針に対する考え方（筆者の私見を含む） …………………… 13
病理組織学的検査の重要性 …………………………………………………… 14

第2章　創傷の管理法

はじめに ………………………………………………………………………… 18
TIME（RS）の概要 …………………………………………………………… 18
創傷の処置の手順 ……………………………………………………………… 18
創の洗浄とデブリードマン …………………………………………………… 19
ドレナージ ……………………………………………………………………… 22
ポケット創への対処 …………………………………………………………… 24
瘻管への対処 …………………………………………………………………… 26

第3章　創傷ドレッシング材の種類と使用法

はじめに ………………………………………………………………………… 30
ドレッシング材の種類 ………………………………………………………… 30
獣医療で使用されるドレッシング材（高頻度） …………………………… 31
獣医療で使用されるドレッシング材（低頻度） …………………………… 34
持続陰圧療法／局所陰圧閉鎖療法（NPWT） ……………………………… 37
非医療材を利用したドレッシング法 ………………………………………… 37

第4章　包帯法（バンデージング）

はじめに ………………………………………………………………………… 42
包帯（バンデージ）の目的 …………………………………………………… 42
テープ、バンデージの種類 …………………………………………………… 43
基本的な包帯法の名称 ………………………………………………………… 45
部位ごとのバンデージングの手技 …………………………………………… 47
バンデージ交換の頻度 ………………………………………………………… 60

第5章　皮膚の縫合

はじめに ……………………………………………………………… 62
皮膚の構造 …………………………………………………………… 62
皮膚のテンションと張力線 ………………………………………… 63
縫合の手技 …………………………………………………………… 64
創面と創縁の処理 …………………………………………………… 68
真皮縫合の重要性と助手のポイント ……………………………… 68
Walking sutureの是非 ……………………………………………… 72
減張テクニック ……………………………………………………… 73
Column1　フラップ（皮弁）とグラフト（植皮）の違いは？ ……… 81
Column2　遠隔皮弁を失敗しないためのポイント ……………… 82

第6章　症例で理解する創傷管理

はじめに ……………………………………………………………… 84
症例①　猫の頸部外傷 ……………………………………………… 84
症例②　犬の術創離開 ……………………………………………… 86
症例③　猫の広範囲皮膚欠損創の3例 …………………………… 88
症例④　猫の慢性化したポケット創 ……………………………… 93
症例⑤　犬の背中の腫瘤切除による皮膚欠損創 ………………… 94
症例⑥　犬の腋窩に生じた皮下輸液による皮膚壊死 …………… 96
症例⑦　猫の肩の皮膚欠損創（術創離開） ……………………… 99
症例⑧　犬の肘関節の損傷 ………………………………………… 101
症例⑨　犬の踵の損傷の2例 ……………………………………… 104
症例⑩　猫の踵の損傷の2例 ……………………………………… 107
症例⑪　猫の両足底部の皮膚欠損創 ……………………………… 110
症例⑫　猫の両側乳腺切除後の術創離開 ………………………… 114
症例⑬　猫の下顎の皮膚欠損創 …………………………………… 117
症例⑭　犬の咬傷による皮膚欠損創（肘関節頭側） …………… 120
症例⑮　猫の足根部の慢性創 ……………………………………… 122

索　引 ………………………………………………………………… 127
執筆者プロフィール ………………………………………………… 131

本書の使い方

● 本書は、公益社団法人 日本獣医学会の「疾患名用語集」にもとづき疾患名を表記していますが、一部そうでない場合もあります。

● 臨床の現場で使用される用語の表現については基本的に執筆者の原稿を活かしています。

● 本書に記載されている薬品・器具・機材の使用にあたっては、添付文書（能書）や商品説明書をご確認ください。

【動画について】

● 動画でわかる マークのついている図版は、動画と連動しています。URLを打ち込んでいただくか、QRコードを読みとっていただき、動画をご視聴ください。

第1章

創傷の概要

創傷の概要

はじめに

本章では、導入として創傷に関する用語を整理したうえで、基本的な創傷の治癒過程などについて述べる。

創傷（Wound）とは、皮膚（表皮・真皮・皮下組織）に生じた開放性もしくは表在性の損傷のことである。狭義には、「創」は開放性損傷を意味し、「傷」は非開放性損傷を意味するが[1]、これらをまとめて一般的に「創傷」と呼ぶ。創傷には、その形態や受傷原因などによってさまざまな名称があり、同じ創傷でも（分類法によって）異なる名称で呼ぶことが可能である。しかし、これらの名称を詳細に覚えることはそれほど重要ではない。どのような原因で生じた創傷であっても、基本的には同様の経過をたどって治癒へ向かう。一方で、汚染や組織損傷の程度によって感染のリスクを適切に判断すること、急性創と慢性創を区別することは、治療方針の選択や治療の成否にかかわるため重要である。

創傷の名称と種類

創の部位の名称

一般的な陥没型の開放創では、創は部位によって以下のように呼ばれる（図1-1）。ただし、成書によって呼称は多少異なるようである。

本書においては、深い陥没創で創腔の側面（狭義の創面）と創底を意識的に区別しなければならない場合を除き、肉眼的に目視できる創の表面（創縁に囲まれた部位）をおおむね「（広義の）創面」と表現している。

創縁

創を取り囲む皮膚との境界線のこと。

創口

創縁で囲まれた創の入り口のこと。創の形状により「創孔」とも表現される。

創面

陥没創においては創縁直下の壁面を指すが、平坦な創傷では創底≒創面となる。

創底

創の底辺部のこと。

創腔

創の内腔の空間のこと。

形態による分類

創傷の分類にはさまざまな方法があり、その名称もまたさまざまである。一般的には、「外力による作用機転と形状」によって下記のように分類されることが多い。

切創

鋭利な刃物による開放性創傷のこと。組織の挫滅や壊死をともなわない。

割創

重量のある刃物（斧や鉈など）により鋭的かつ鈍的な力が加わってつくられる開放性創傷のこと。組織の挫滅は切創と挫創の中間程度である。

刺創

先端の鋭い針や棒状のものが突き刺さることで生じる開放性創傷のこと。体腔内に達するものを穿通創、反対側へ貫通するものを貫通創と呼ぶ。

挫創

強い鈍的外力によってつくられる開放性創傷のこと。創底や創面などに著しい挫滅をともなうのが一般的である。

挫傷

挫創と同様の原因で生じるが非開放性創傷であり、皮下出血や浮腫をともなう。

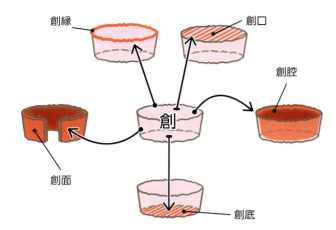

図1-1 創の部位の名称
創腔をもたない平坦な創では、創底≒創面となる。

裂創
皮膚の強い伸展や牽引によって引き裂かれることで生じる開放性創傷のこと。

咬創（咬傷、動物咬傷）
ヒトや動物に咬まれることで生じる開放性創傷のこと。通常、口腔内は汚染されているため感染リスクが高く、原則的に縫合閉鎖は禁忌である。

擦過創
比較的鋭利な外力が皮膚面と平行に擦れることによって生じる開放性創傷で、いわゆる擦りむきキズを指す。創の深さはきわめて浅い。動物では舐め壊しなどによって生じることが多い。

絞扼創
何らかの外力による締めつけによって生じるうっ血性（静脈性）または虚血性（動脈性）の創傷である。動物では四肢末端や耳介、尾の先端などにみられることが多く、輪ゴムや紐、または不適切なバンデージなどによって生じる可能性がある。

杙創（よくそう）
鋭利ではない棒状の物体（木の枝や杭など）が刺さることで生じる開放性創傷のこと。

剝皮創（剝離創、剝脱創）
ローラーやベルト、車輪など回転する物体に皮膚が巻き込まれて剥がれ、裂けることによって生じた開放性創傷のこと。とくに四肢端の皮膚が、あたかも手袋を脱いだようにすっぽりと全体が脱落した状態を「デグロービング創」と呼ぶ。

皮下剝離
剝皮創と類似するが、皮膚の連続性が絶たれていないもの。

時間経過による分類

急性創および慢性創
受傷後時間が経過していない創を急性創（Acute、図1-2）、時間が経過して治癒が進まない創を慢性創（Chronic、図1-3）と呼ぶ。急性創のうち、とくに受傷直後（6時間以内[※1]が目安）で感染が成立する前の状態の創を新鮮創と呼ぶ。急性創と慢性創を、受傷からの経過時間によって明確に区別する定義のようなものは存在しない[※2]。通常は「何らかの原因によって治癒しにくい創、妥当な期間内に治癒しない創、創傷の治癒過程に問題のある創」が慢性創であるとされている。

慢性創では、創傷治癒の4つのフェーズ（後述）が整然と進行せずに、何らかの要因により治癒過程が妨害されていると考えられる[2]。慢性創では、滲出液に含まれる炎症性サイトカインの活性が上昇していることが示唆されている[3,4]。これにより炎症期が延長され、上皮化の過程に必要なマトリクスの崩壊や、治癒に必要な細胞成長因子やサイトカインの分解が促進される[4]。慢性創となる要因としては、細菌の臨界的定着（後

※1 受傷後6時間以内はゴールデンアワーと呼ばれ、創内に侵入した細菌がまだ増殖を始めておらず、縫合による一次治癒が可能となる目安の時間である。

※2 慢性創の明確な定義はないが、目安としておおむね1カ月以上経過しても治癒に向かわない創傷を指すことが多いようである。

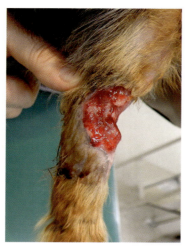

図1-2　犬の前腕部に生じた急性創
創は健康な肉芽組織（赤色）に覆われ、創の辺縁では上皮化（薄いピンク色）が進行している。

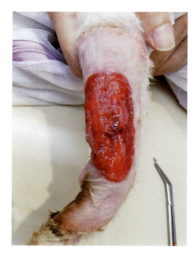

図1-3　猫の前腕部に生じた慢性創
創は強い炎症をともなう炎症性肉芽組織（不良肉芽組織）に覆われている。辺縁部の上皮化も認められない。

述）や感染のほか、低栄養、放射線照射、コルチコステロイドの使用、代謝性基礎疾患の存在などが考えられている[2]。

微生物学的環境による分類

　無菌的操作により人為的に作出した創傷を除き、原則的に無菌の創傷は存在しないため、体表に生じたすべての創傷は以下のA〜Dのいずれかに分類される。A、Bの状態は要観察、C以降は要治療となる。

A. 汚染（Contamination）
　創傷に細菌が存在しているが、増殖していない状態。

B. 定着（Colonization）
　増殖能をもつ細菌が付着しているが、創傷に悪影響を及ぼしていない状態。

C. 臨界的定着（Critical colonization）
　さらに細菌が増殖した感染の前駆状態、または細菌によるバイオフィルムが形成され治癒が停滞し慢性化している状態。

D. 感染（Infection）
　感染徴候をともなって明らかに組織が損傷を受けている状態。

　以前は「創傷は汚染創と感染創に大別され、感染徴候をともなわないものは汚染創である」という考えが一般的であった。しかし、現在は汚染と感染の中間の状態が（とくに褥瘡を含む難治性慢性創において）重視されるようになり、コロニゼーション／クリティカル・コロニゼーションなどと呼ぶのが一般的になっている（クリティカル・コロニゼーションは典型的な炎症徴候を示さない局所感染に含まれるとの意見もある[5]）。

　また、感染が局所にとどまらず周囲に拡大して全身に影響が及んだ状態を全身感染と呼び、高齢や免疫低下状態の動物では敗血症などを引き起こすこともあるため、注意が必要である。しかし、局所感染の多くは異物や汚染物、壊死組織やドレナージ不良（第2章「創傷の管理法」を参照）などの感染源が大きな要因となっていることが多い。そのため、細菌培養・薬剤感受性試験を繰り返したり、抗菌薬を長期投与したりする前に、まずは適切なデブリードマンやドレッシング管理による創の清浄化を優先すべきである。

その他の用語

受傷原因による分類
　手術創、銃創、轢過創、電撃創など。

縫合により創縁が閉じている状態か開いている状態か
　縫合創（閉鎖創）、開放創。

ポケット創
　創縁下が奥深くえぐれて創腔が袋状に拡大している創。

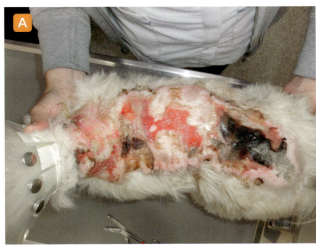

おそらく低温熱傷が原因と思われた犬の背中全体に生じた急性創である。

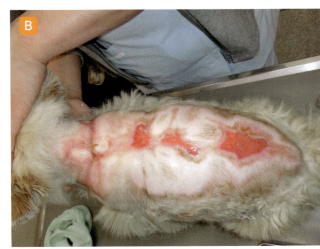

適切なドレッシング管理によって、健康な肉芽組織の増殖と創縁から上皮化が進行している。

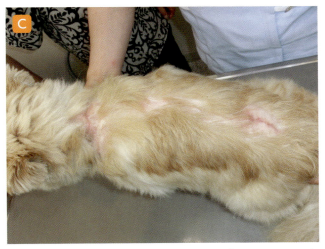

比較的軽度の瘢痕化をともなって創の上皮化が完了している。しかし、成熟期は継続しているため機械的刺激、温熱や紫外線などの刺激は当面避けることが望ましい。

図1-4	創傷の治り方①

熱傷

熱刺激によって細胞のタンパクが凝固することで障害を受けて生じる皮膚損傷である。障害の深度によりⅠ度、Ⅱ度、Ⅲ度と分類されるが、熱による細胞障害は時間経過とともにあらわになってくるため、受傷直後には深度判定が困難な場合も多い。

褥瘡

いわゆる床ずれのことである。多くは寝たきりの状態で、体表の骨突出部と負重面に挟まれた皮膚や筋などの軟部組織が、持続的圧迫による血行不良で壊死することで生じる。局所的な創傷管理だけではなく除圧（体圧分散）、体位変換、栄養や全身的な管理などを並行して行う必要がある。

創傷の治り方（図1-4、図1-5）

一次治癒（一期癒合）（図1-6）

手術創や鋭利な刃物による切創など、組織の挫滅や壊死がなく創縁どうしをきれいに並列させて縫合（または皮膚接合用テープにより閉鎖）することによって閉鎖して治癒させる方法のことである。一次閉鎖（Primary closure）と呼ぶこともある。

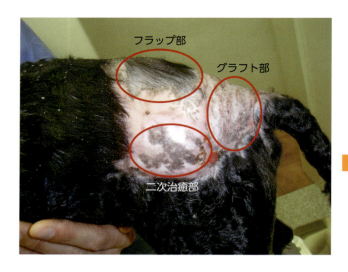

図1-5	創傷の治り方②
	おそらく皮下輸液が誘因と思われた犬の腰部背側の広範囲皮膚欠損創である。皮弁（尾側浅腹壁アキシャルパターン・フラップ）とメッシュ状植皮（メッシュ・グラフト）およびフラップ先端の壊死部を二次治癒にて修復させた症例の外観である（第3章の図3-17と同一症例）。

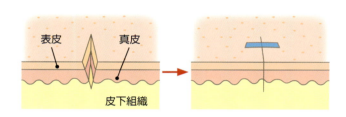

図1-6	一次治癒（一期癒合）
	組織の欠損や挫滅のない一次治癒では、肉芽組織の形成をともなわず早期にスムーズな治癒がみられる。

図1-7	二次治癒（二期癒合）
	二次治癒では肉芽組織の増殖と収縮、上皮化により瘢痕形成をともなう治癒がみられる。

二次治癒（二期癒合）（図1-7）

　皮膚欠損が大きい、壊死や挫滅がある、感染をともなうなどの原因により一次治癒が望めない創傷では、下記の4つの経過をたどって自然治癒するが、この過程を二次治癒（二期癒合）という。二次治癒では通常、治癒後に皮膚の瘢痕化や拘縮などが残る場合が多い。

　二次治癒によってある程度治癒が進んだ創傷の肉芽組織どうしを合わせて縫合し閉鎖する方法を「遷延性一次治癒（三次治癒）」、表皮（および真皮の一部）のみの剥離（主に擦過創）に際して肉芽組織の増殖をともなわずに、基底細胞の再生・移動による純粋な上皮化によって修復される治癒過程を「表面的剥脱創の再生治癒」と呼んで区別する場合もある。

創傷（二次治癒）の治癒過程

　創傷の治癒過程は、一般的に以下の4つのフェーズに分類されることが多い（3段階で説明されている場合や、「炎症期・デブリードマン期・増殖期・リモデリング期」のような4つのフェーズに分類されている場合もある）。縫合されていない開放創は、通常は二次治癒により修復するが、原則的に以下の過程をたどって治癒に向かう。しかし慢性創では、この過程がうまく進行せず、途中（炎症期～増殖期）の経過に問題が生じているため、治癒が停滞すると考えられている。

①出血凝固期

　創傷発生直後、血小板が血管損傷部位に集まり、凝

固因子が活性化されて止血プロセスが始まる。血小板は損傷部位を塞ぎ、トロンビンの生成を促進すると同時に、PDGF（血小板由来成長因子）などのサイトカインを放出する。

②炎症期（〜デブリードマン期）

サイトカイン（IL-1β、IL-6、TNF-α、TGF-βなど）が活性化され、白血球の遊走や炎症反応を引き起こす。同時にリンパ球やPMN（多形核細胞）、マクロファージなどが遊走して壊死片を取り除き、創傷の清浄化を促す。さらに各種の成長因子（PDGFやEGF［上皮成長因子］、FGF［線維芽細胞成長因子］、VEGF［血管内皮成長因子］など）が活性化して創傷を安定化させたり、異物を除去したり、創傷の修復に欠かせない重要な役割を果たし、増殖期への移行を促す。

③増殖期

炎症が収束して線維芽細胞が増殖し、ECM（細胞外マトリクス）の合成が始まる。成長因子（TGF-βなど）が線維芽細胞の活性化を助け、新生血管の形成（Angiogenesis）や創傷の修復を促進する。肉眼的には創傷が健康な肉芽組織で覆われ、創傷の収縮および上皮化が進行して治癒へと向かう。

④成熟期（リモデリング期）

表面的には創傷が閉鎖し、治癒が完了したようにみえるが、その下層ではさらに治癒過程が進行している。線維芽細胞は瘢痕形成に関与し、コラーゲン線維を生成する。成長因子（FGF、VEGFなど）は組織の再構築をサポートし、瘢痕の強度を増強する。同時に、サイトカインの制御によって炎症が収束し、正常な組織構造が回復する。このフェーズは受傷後数週間〜1年ほど継続すると考えられるが、治癒した創傷は最終的に元どおりの強度にまでは回復しない。

犬と猫での創傷治癒の違い

ヒトや犬、猫以外の動物も、基本的には同様の創傷の治癒過程（上記の4つのフェーズ）をたどると考えられるが、すべての哺乳類の創傷が同じように治癒する訳ではない。例えばウマとポニー[6]、ウサギとヒトでは治癒の違いが確認されており、犬と猫においても違いがみられることが知られている。犬と猫の治癒の

差異を検証した調査において、猫の皮膚は犬と比較して血管の数や血流が乏しいことが指摘されており、また一次治癒から7日後の縫合創の破壊強度が犬と比較して約50%低かったと報告されている[7]。このことは、猫の手術後の抜糸のタイミングを犬よりも遅らせる必要があることを示唆している[2]。犬と猫の治癒の違いは、とくに二次治癒において顕著である。一般的に、猫の創傷のほうが治癒に時間がかかる。また、猫では偽治癒や無痛潰瘍（Indolent ulcer）が頻繁に起こり、慢性創になりやすい。慢性化して治癒機転を失った創面を覆う肉芽組織は、臨床的に「不良肉芽組織」と呼ばれる。しかし、猫の不良肉芽組織はTIME（RS）（第2章「創傷の管理法」を参照）に基づいて問題点を改善しても治癒に向かわず、最終的に外科手術による管理が必要となる場合も少なくない。さらに、猫の慢性創が悪性腫瘍に転化した症例を筆者は数例経験しているが（後述）、犬ではこのような経験はほとんどない。

創傷の治療方針に対する考え方（筆者の私見を含む）

ある創傷に対して選択できる治療・管理法は1つではない。ドレッシング管理による保存的治療で二次治癒を目指す方法、二次治癒がある程度進んだところで遷延性一次治癒を試みる方法、新鮮創にして創縁を単純に牽引して縫合する方法、皮弁（ランダム・フラップもしくはアキシャルパターン・フラップ）や植皮（グラフト）による創閉鎖など、取れる選択肢はたいてい複数ある。組織の挫滅がなく汚染も少ない切創などでは一次治癒が第一選択となるが（動物咬傷では禁忌）、順調に治癒が進行している急性創では、そのまま保存的管理を継続して二次治癒を目指しても構わない（図1-2）。

慢性創では、TIME（RS）に基づいて悪化要因を取り除くことで、治癒がふたたび進行する場合もある。しかし、とくに猫の慢性創は難治性になりやすいため、1カ月以上経過しても治癒の進行がみられない場合は、可能な限り外科的な方法を積極的に選択すべきである。なお、筆者は慢性創を外科的に閉鎖する際、不適切なドレッシング管理などにより「炎症期」の状態にあるものは、できる限り適切なドレッシング管理を行うことで「増殖期」の状態に移行させてから外科手術を行うようにしている。

「何度縫合しても開いてしまう」という症例に遭遇

することがよくある。多くの場合は「耐性菌の感染」、「基礎疾患（猫免疫不全ウイルス［FIV］感染症など）」、あるいは「動物が動いてしまうこと」などが原因とされていることが多い。確かに重大な基礎疾患の存在は、創傷の治癒遅延の要因となり得る。しかし筆者の経験上、これらの症例の多くは縫合手技そのものに問題がみられる。よくある要因としては、

・不良肉芽組織を完全に除去せず慢性創を縫合閉鎖している。

・創縁がきちんと新鮮創になっていない。

・真皮縫合が不適切である。

・テンション（皮膚に加わる張力）の軽減が不適切である。

・縫合禁忌の創（動物咬傷など）を縫合閉鎖している。

などが挙げられる（第5章「皮膚の縫合」を参照）。これら問題点の見直しをせずに、縫合の強度を上げようとしてより太い縫合糸で無理に縫合したりすると、皮膚が裂けて、かえって創が拡大することになる。

肢端部や関節部の創は、管理が難しいため治癒困難となる創の代表である。これらの部位では、なかなか治癒しないために断脚・関節固定術などの選択肢が提示されるケースが少なくない。粉砕骨折や血栓塞栓、麻痺または重症のデグロービング創などによって、機能の改善がきわめて困難である脚の場合は、QOLを考えて断脚（または関節固定術）も選択肢の一つとなる。しかし、機能的な問題を生じていない症例では皮弁（フラップ）や植皮（グラフト）、バンデージ法の改善などいくつかの方法を組み合わせることで、十分治癒が可能となる場合が多い。創が難治性であること "だけ" を理由として断脚・関節固定術を実施することは、（筆者はこれまで経験がないが）あらゆる手を尽くした後の "最後の手段" と認識すべきだろう。

病理組織学的検査の重要性

図1-8は、化学熱傷が原因と思われる背中の広範囲皮膚欠損を保存的および外科的に修復した猫の症例である。図1-8-Bでは大部分が治癒しているが、肩甲部中央に小さな痂皮が残っているのがわかる。この後、飼い主が軟膏を塗るなどして自宅および近医での管理を継続していたが、約7年後に同部位がクレーター状の潰瘍となり広がってきたため再来院した。病理組織学的検査の結果「線維肉腫」と診断された。

図1-9はやはり猫であるが、抗がん剤の血管外漏出による左前肢遠位外側の慢性創に対して遠隔皮弁による外科的閉鎖を試みた症例である。皮弁自体は問題なく生着したが、その後、縫合部および（縫合部ではない）足底部に潰瘍を生じるようになった。潰瘍部を切除して再度縫合したが、ふたたび潰瘍化を繰り返した。潰瘍部の病理組織学的検査では、当初は「非定型肉芽腫性結節性病変」との診断であり腫瘍性の変化は認められなかった。しかし、次第に悪性度を示す腫瘍性転化がみられるようになり、肉眼的にも病変部が近位へ多発・拡大してきたため断脚を行った。最終的な病理診断は「猫進行性組織球症の腫瘍期」であり、腋窩リンパ節への転移も起こしていた。

これらの症例が示すように、（とくに猫の）慢性創においては腫瘍の存在を確認する必要がある。慢性化の過程で腫瘍性転化を起こす場合もあれば、そもそも「傷だと思って治療していたが実は皮膚腫瘍であった」というケースもある（例：肺指症候群など）。また、真菌や抗酸菌などの比較的特殊な感染を除外するためにも、難治性の慢性創に対する病理組織学的検査の実施は常に検討すべきである。

【参考文献】

1. 一般社団法人 日本救急医学会: 医学用語 解説集. https://www.jaam.jp/dictionary/dictionary/word/0906.html, (accessed 2024-07-08).

2. Kirpensteijn, J., ter Haar, G.(2013): Chapter2: a new protocol for dogs and cats. In: Reconstructive Surgery and Wound Management of the Dog and Cat, p.27, CRC Press.

3. Henry, G., Garner, W. L.(2003): Inflammatory mediators in wound healing. Surg. Clin. North Am., 83(3):483-507.

4. Schultz, G. S., Sibbald, R. G., Falanga, V., et al.(2003): Wound bed preparation: a systematic approach to wound management. Wound Repair Regen., 11:S1-S28.

5. Medical Education Partnership: 臨床現場における創感染: 国際コンセンサス. https://woundinfection-institute.com/wp-content/uploads/2021/06/wound_inf_japanese.pdf, (accessed 2024-07-08).

6. Wilmink, J. M., Stolk, P. W., van Weeren, P. R., et al.(1999): Differences in second-intention wound healing between horses and ponies: macroscopic aspects. Equine. Vet. J., 31(1):53-60.

7. Bohling, M. W., Henderson, R. A., Swaim, S. F., et al.(2005): Cutaneous Wound Healing in the Cat: A Macroscopic Description and Comparison with Cutaneous Wound Healing in the Dog. Vet. Surg., 33(6):579-587.

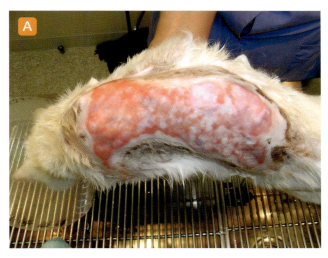
化学熱傷が原因と思われた猫の背中に生じた広範囲の創傷である。

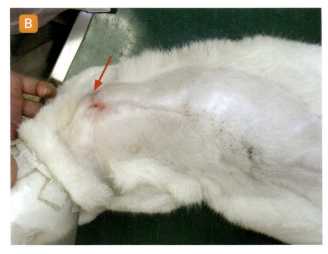
諸々の事情により約1年かけて大部分が治癒に至ったが、肩甲部中央に痂皮をともなう慢性創が残った（→）。

図1-8 おそらく化学熱傷が原因と思われた猫の背中の広範囲皮膚欠損

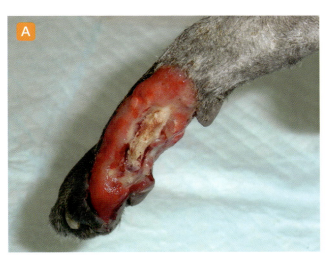
損傷部位は掌部にまで及び、第4中手骨も壊死していた。

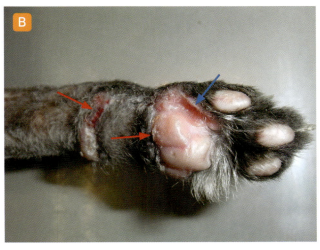
不良肉芽組織と壊死した骨を除去して遠隔皮弁を実施した。抜糸後、約1カ月で縫合部（→）と足底部（→）に亀裂のような潰瘍を生じた。

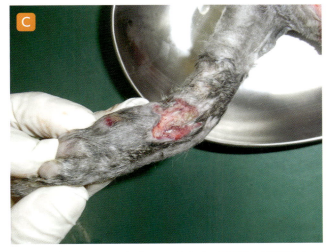
潰瘍病変が島状に拡大・転移してきたため、肩甲骨より断脚とした。

図1-9 抗がん剤の血管外漏出によって生じた猫の左前肢の皮膚および組織欠損

第2章

創傷の管理法

創傷の管理法

はじめに

ヒトの創傷管理において、洗浄やデブリードマンの実施により壊死組織や感染を制御し、滲出液を管理して創傷が治りやすい環境に整えることをWound bed preparationという。本章では、これらの概要とドレナージの基本などについて解説する。

TIME（RS）の概要

Wound bed preparationを目指す際に、創傷の治癒を妨げる要因として取り除くべき項目は、これらの項目の頭文字を取ってTIMEと呼ばれてきた[1]。

T（Tissue：non-viable or deficient）
▶壊死組織の残存、組織の欠損
I（Infection or Inflammation）
▶感染および炎症
M（Moisture Imbalance）
▶不適切な湿潤環境
E（Edge of wound:non-advancing or undermined）
▶創収縮の停止、創辺縁のポケットや段差

2018年以降、これに下記のRとSを加えてTIMERSと呼ぶことが提唱されている[2]。

R（Regeneration and Repair of tissue）
▶組織の再生と修復
S（Social factors）
▶患者の社会的要因

「R」のコンセプトを要約すると、「TIMEを改善させても明らかに創傷の治癒・閉鎖が停滞しており、保存的治療がうまくいっていないと判断される場合には、細胞外マトリクス応用技術や細胞成長因子、PRP[※1]、NPWT[※2]、酸素療法、幹細胞、自家皮膚移植などを含む高度な治療法を用いて組織の再生・修復を促すことを検討する」ということである。しかし現状、残念ながら日本の獣医療において「R」に関する選択肢はあまり多くない。

また、「S」の「社会的要因」には、患者（獣医療においてはご家族）や介護者の治療方針の理解度・協力度、（治療法の）選択、心理的要因などが含まれる。

適切な湿潤環境とは

筆者は、TIME（RS）の項目のなかで最も注意が必要なのは「M」であると考えている。現在の創傷治癒理論の重要な土台となっている考え方にMoist wound healingがあり、「湿潤環境下での創傷治癒」と訳されている。これは、それ以前の創傷の治療が「乾燥させること」を主眼に置いてきたため、「創傷は湿潤環境下で治すのが新しいトレンドである」ということを強調する必要があったのだろうと想像できる[※3]。しかし、現在では「湿潤環境」がひとり歩きし、「湿潤なら湿潤であるほどよい」という大きな勘違いが生まれた。その考えのもと、「過剰な湿潤状態（過湿潤）＝不適切な湿潤環境」で管理され、治癒が遅れている症例に頻繁に遭遇する。実際には、乾燥させたほうが早く治る場合や、あえて過湿潤気味に管理して早期の肉芽組織の増殖を図りたい場合（腱や靭帯、骨が露出している創傷など）もある。「適切な湿潤環境」とは「乾燥か？湿潤か？」の二項対立では解決しない問題である。

創傷の処置の手順

創傷の処置の手順は図2-1のとおりである。

※1 Platelet-rich plasma（多血小板血漿）の略である。
※2 Negative pressure wound therapy（局所陰圧閉鎖療法）の略である。
※3 日本のヒト医療でモイストヒーリング≒湿潤療法が急速に広まったのが2000年頃のことである。

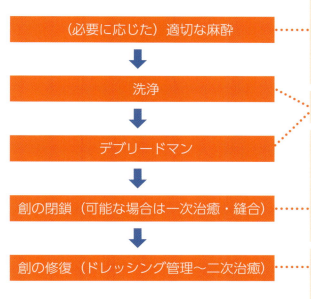

図2-1　創傷の処置の手順
創傷の処置の手順は、必要に応じた麻酔→洗浄とデブリードマン→閉鎖および修復である。

創の洗浄とデブリードマン

　創傷治癒を阻害する因子として代表的な局所の問題には、汚染や異物、膿や血餅などを含む壊死組織の存在、感染、血行不良などがある。これらの因子を除去するために、創の洗浄およびデブリードマンを適切に行うことが重要となる。

準　備

　動物は全身が被毛で覆われているため、洗浄を行う前にまず創周囲の被毛をバリカンでしっかりと刈る必要がある。被毛が創内に入り込むことを防ぎ、創面が観察しやすくなるだけではなく、創面を清潔に保つためにも必要な処置である。毛刈りが不十分であると、滲出液が被毛の間に染み込んで悪臭や浸軟による皮膚炎を引き起こす原因となる。創周囲の皮膚炎は、細菌や真菌などの増殖を引き起こして創の治癒を遅らせる要因となり得る。

洗　浄

　十分に被毛を刈ったら、多量の微温湯または生理食塩水を用いて創内を洗浄する。創の洗浄に用いるものは滅菌精製水である必要はない。とくに汚染の激しい創では、異物や汚染物を十分な流水で「洗い流す」こと自体が重要であり、「どんな水を使うか」はさほど重要なことではない。ただし、疼痛をともなう創や、深いポケット創などでは浸透圧の差により疼痛が惹起される場合があるため、このような創に対しては生理食塩水を用いるのがよいだろう。

　重度の汚染や広範囲の挫滅をともなう創傷では、筆者はパルス洗浄ユニットなどを用いて高圧の流水で洗浄することもある。しかし、野外での開放骨折など特殊な場合を除き、一般的な創傷ではあまり必要になることはない[※4]。

デブリードマン

　洗浄のみで洗い流せない壊死組織などに対しては、デブリードマンを行う（表2-1）。

外科的デブリードマン

　外科器具を使って壊死組織を切除する方法を外科的デブリードマンという。皮膚や腱などの硬い組織は、壊死してもなかなか融解せずに創内や創面に残ること

※4　猟犬を使った狩猟が盛んな土地など地域性にもよると思われる。

表2-1	デブリードマンの分類 (文献3より引用・改変)
分類	解説
外科的デブリードマン	メスや剪刀などの器具を使用して外科的に壊死組織を除去する方法である。
物理（機械）的デブリードマン	水（生理食塩水を含む）や水圧、浸透圧、陰圧、超音波、ガーゼへの固着など物理的作用を利用する方法である。パルス洗浄ユニットやNPWTも、デブリードマンを目的に使用する場合にはこれに含まれる。
自己融解（化学）的デブリードマン	生体がもつ自己融解作用または蛋白分解酵素を用いる方法である。
その他のデブリードマン	生物学的デブリードマン（Maggot療法）など比較的特殊な方法である。

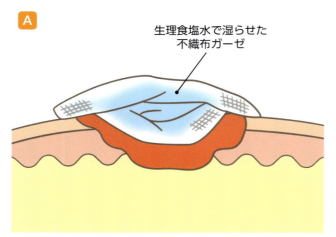
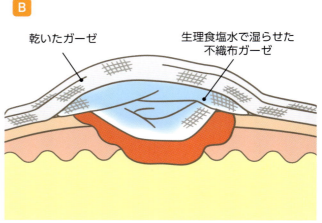

A. wet-to-wet dressing。生理食塩水に浸して軽く絞った不織布ガーゼを創内に充填する。

B. wet-to-dry dressing。wet-to-wet dressingの上をさらに乾いたガーゼで覆う方法である。

図2-2　wet-to-wet dressingとwet-to-dry dressingの違い
日本褥瘡学会の用語集では「乾いたら交換」とあるが、いずれの場合も完全に乾燥する前に（頻繁に）交換すべきである。

があるため、外科的デブリードマンが必要となる場合がある。しかし、壊死組織と健常組織の境界が不明瞭な場合（とくにでき始めの褥瘡や受傷直後の熱傷では、「血色は悪いが完全に壊死しているかどうかは数日待たないと判然としない」ということがある）は無理に切除すると出血や疼痛を引き起こしたり、かえって創を拡大させたりするため、必要以上のデブリードマンを行わないよう注意する必要がある。

物理（機械）的デブリードマン

wet-to-wet dressingなどのウェット・ドレッシングを用いて壊死組織を徐々に融解させて除去する方法は、いわゆる近代ドレッシングが開発される以前から一般的によく用いられてきた。日本褥瘡学会の用語集[4]では「生理食塩水で適度に湿らせたガーゼを創に充填し、ガーゼが乾燥する前に交換して、創面の湿潤環境を維持する方法」をwet-to-wet dressig、「湿らせたガーゼを創に充填し、さらにその上を乾いたガーゼで覆い、湿ったガーゼが乾燥したら取り除く方法」をwet-to-dry dressingと説明されている（図2-2）。しかし、臨床的にはこのような分類はあまり重要ではない。重要なのは「創面を適度な湿潤環境下に置くこと」である。適度なとはすなわち、創面はしっとりと湿っており、ガーゼが固着せず[※5]、創周囲の皮膚に滲出液があふれ

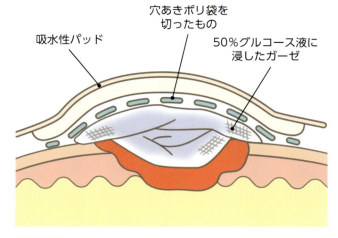

図2-3 50％グルコース液を染み込ませたwetガーゼを用いた方法
早期の乾燥を防止するため、穴あきポリ袋で覆った上から吸水性パッドを被せている。

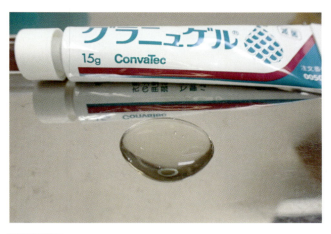

図2-4 ハイドロジェルの1つであるグラニュゲル
ジェル状であるため、必ず二次ドレッシングとあわせて使用する。

て浸軟を起こしていない状態を指す。ガーゼが滲出液を吸いきれず、周囲に漏れ出てドロドロになっている状態は「過湿潤」である。また、ガーゼ交換の際に創面にガーゼが固着して、剥がす際に出血をともなうような状態は「乾き過ぎ」である。

つまり、創面の状態や滲出液（または壊死）の量、予想される交換頻度など（入院症例か通院症例か？通院であればどれくらいの頻度で可能か？自宅でご家族による交換が可能か？など）の条件により、適切な二次ドレッシングを症例ごとに検討する必要がある。さらに、状況に応じて適宜変更することも重要となる。

筆者は生理食塩水の代わりに、50％グルコース液を染み込ませたwetガーゼを用いることが多い※6。50％グルコース液を染み込ませた不織布ガーゼを一次ドレッシングとし、穴あきポリ袋と吸水性パッド（第3章「創傷ドレッシング材の種類と使用法」を参照）を二次ドレッシングとして、物理（機械）的デブリードマンとして利用している（図2-3）。1日1回～2、3回の頻度で交換し、毎回創面の状態とガーゼの固着具合をチェックし調整する※7。

自己融解（化学）的デブリードマン

外科的デブリードマンで取り切れない小さな壊死組織が残る創面に対しては、ハイドロジェルなどのドレッシング材を使用する。ハイドロジェルとは、水分を多量に含む親水性ポリマーを含有するジェル状のドレッシング材の総称である（図2-4）。ハイドロジェルは、乾燥すると"乾いた糊"のように固まるため、乾燥を防ぐための二次ドレッシング（第3章「創傷ドレッシング材の種類と使用法」を参照）が必要である※8。

プロントザン 創傷用ゲルはハイドロジェルの1つである（図2-5）。抗菌薬（ポリヘキサニド）と低刺激界面活性剤（ベタイン）を含有しており、細菌のバイオフィルム除去の作用が期待できるとして、ヒトの褥瘡や慢性創に対して使用され始めている。動物での使用報告はまだ多くはないが、自己融解（化学）的デブリードマンとして選択肢の1つとなる。

デブリードマンにより壊死組織が除去され、創面が健康な肉芽組織で覆われたら、通常のドレッシング管理に切り替えるか、必要に応じて外科的閉鎖を検討する。

※5 とはいえ、本法はデブリードマンが目的であるため、出血しない程度に軽く固着することで、創面表層の細かな壊死組織をガーゼに付着させ、除去することになる。
※6 創傷に砂糖やグルコース液、ハチミツなどを用いる方法は古典的な方法ではあるが、多数報告がある[5-7]。浮腫や血行不良の改善、細菌の増殖の抑制など、創傷治癒に有利な効果が期待できる。
※7 デブリードマンが必要な段階の創傷において、ドレッシング交換を数日おきにすることは基本的にない。
※8 ハイドロジェルに対する二次ドレッシングとしてはポリウレタンフィルムなどが一般的であるが、壊死の残る創面に密閉タイプのドレッシング材を使用する場合は注意が必要である。ポリウレタンフィルムは粘着力が弱いため、剥がれて周囲に"漏れる"前提で使用する。筆者の場合は、ズイコウパッドなどの非固着性吸水性パッドを二次ドレッシングとして使用することが多い。

図2-5 プロントザン
写真左：創傷洗浄用ソリューション、写真右：創傷用ゲル。ポリヘキサニドとベタインを含んでおり、細菌のバイオフィルム除去の効果が期待できる。

表2-2 受動的ドレーンと能動的ドレーン

	受動的ドレーン	能動的ドレーン
特徴	・重力や気圧、腹圧など自然な圧格差を利用した方法	・陰圧を利用して強制的に排液する方法
利点	・組織片など余分なものを吸引しにくい（詰まりにくい） ・体腔内のドレーンに利用できる ・比較的安価 ・比較的扱いやすい	・効率的な排液が可能である ・瘻孔化しやすい*
欠点	・ドレナージ不良になりやすい ・瘻孔化しにくい*	・組織片などを吸引するとドレナージ不良になる ・吸引により臓器損傷を起こすリスクがある ・大きな装置は小動物では扱いにくい
排液の方法	・開放（吸水性パッド） ・専用の排液バッグ ・空の輸液バッグなどを利用	・専用の排液システム 　（J-VACドレナージシステム）など ・自作の吸引装置 ・真空採血管など

＊胆嚢や膵臓、消化管などに設置したドレーンチューブは、抜去後に瘻孔が形成されることで少量の排液が腹腔内へ漏れるのを防ぐ。瘻孔は組織の修復にともない自然に閉鎖する。

ドレナージ

閉鎖創に対するドレナージ

　一般的には「ドレナージ＝ドレーンチューブの設置」と考えるかもしれない。しかし、ドレナージとは「排水・排液」という意味であり、必ずしも「チューブからの排液」のみに限定されるものではない。比較的深いポケット創や大きな組織欠損をともなう創を縫合閉鎖した場合などの創管理には、チューブによるドレナージを併用する。

　ドレーンチューブの設置法には受動的ドレーンと能動的ドレーンがある（表2-2）。

受動的ドレーン

　受動的ドレーンは重力や腹圧などの自然な圧格差を利用した方法で、ドレーンチューブの端は排液バッグ（逆流を防ぐため動物より低い位置に置く）に接続するか、ペンローズ・ドレーンなどの場合はそのまま開放状態にして吸水性パッドなどで排液を回収する方法が一般的である（図2-6）。受傷直後の猫の咬傷など、明らかに汚染をともなう小さな刺傷の場合には、筆者はドレーンチューブの代わりにナイロン縫合糸を数本束にして創内に設置し、テープなどで貼りつけて固定し排液している（図2-7）。これも困難な部位（肛門嚢破裂など）では、無理にドレーンを設置せずに外用

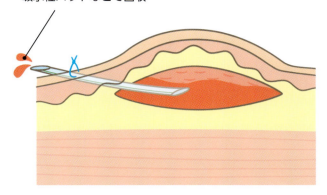

図2-6	受動的ドレーンの例①（ペンローズ・ドレーン）

ペンローズ・ドレーンなどの開放性ドレーンでは、吸水性パッドなどで排液を回収させる。効率的な排液を促すため、バンデージなどで軽く圧迫を加える場合もある。

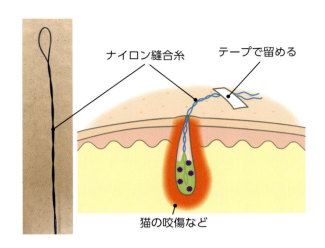

図2-7	受動的ドレーンの例②（ナイロン縫合糸）

猫の犬歯による刺創などでは創口が小さいため、汚染が創内部に留まり感染を引き起こす。このような創では、ナイロン縫合糸を使ったドレーンが有効である。痂皮が固まって蓋とならないように吸水性のドレッシング材で覆うか、油脂性軟膏を塗布して「痂皮による蓋」を常に除去する必要がある。

の軟膏剤（ゲンタマイシン軟膏など）を創腔内に頻繁に注入し、痂皮による創の閉鎖（蓋）を防ぎ、自然な排液を妨げないように維持することで、ドレーンの代わり[※9]とすることもできる。

能動的ドレーン

能動的ドレーンは陰圧にして持続吸引する方法である。持続的な陰圧により効率的に排液することが可能であり、死腔が早期に埋まることで治癒が早まる。受動的ドレーンが有効ではないポケット創でも、能動的ドレーンに切り替えることで治癒する場合もある（第6章「症例④ 猫の慢性化したポケット創」を参照）。能動的ドレーンを体腔内に使用する場合は、吸引による臓器への損傷リスクを下げるため、専用のシステム（J-VACドレナージシステムなど）を使用すべきである。筆者は、体表の創傷に対して使用する場合にはシリンジなどを利用して自作したものを利用している（図2-8）。

開放創に対するドレナージ

開放創に対するドレナージには、ドレーンチューブを使用した方法は適さない（NPWT［第3章「創傷ドレッシング材の種類と使用法」を参照］を除く）。ここでふたたび重要になるのが「創面を適度な湿潤環境下に置くこと」である。ドレナージが必要となる開放創は滲出液の多い創である。したがって、吸水性に優れたドレッシング材を使用して創面の余分な滲出液を吸い上げるようなドレナージをすることになる。しかし、滲出液の量に対して交換頻度や吸水性が不足していると、当然ながらドレナージ不良となり過剰な（不適切な）湿潤状態となる（図2-9）。時折、デブリードマンとドレナージが必要な開放創に対してハイドロジェルを使い、二次ドレッシングとしてシリコンガーゼ[※10]で被覆されバンデージ管理されている症例に遭遇することがあるが、これは典型的な誤ったドレッシング法である（図2-10）。シリコンガーゼには水分の蒸発を防ぐ層がないため、シリコンガーゼに吸われた滲出液はすぐに乾燥して固まる。また、ハイドロジェルも乾燥により"乾いた糊"状に固まるため[※11]、これらがあわさると強固な1枚の大きな痂皮となり創面を塞ぐことになる。痂皮で蓋をされた創面はドレナージが妨げられ過湿潤となり、細菌が増殖して膿が貯留し、

※9 使用する外用剤はなるべく硬めの油脂性軟膏を選ぶ。筆者はもっぱらゲンタマイシン軟膏を利用しているが、「抗菌薬」としての効果・効能には全く期待しておらず、単に「痂皮の蓋を防ぐ」という目的で使用している。その意味では単に白色ワセリンでも構わない。

※10 代表的なものがメロリンである。その他にも各社から類似の非固着性脱脂綿ドレッシング材が売られており、これらは一般的にシリコンガーゼと呼ばれる。

※11 乾燥して固まったハイドロジェルは、もはや物理（機械）的デブリードマンとして役に立たないばかりか、それ自体が異物となって創の治癒を妨げる。

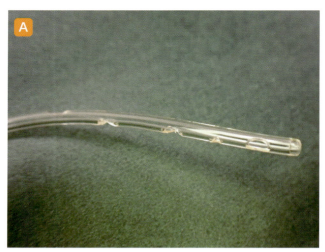
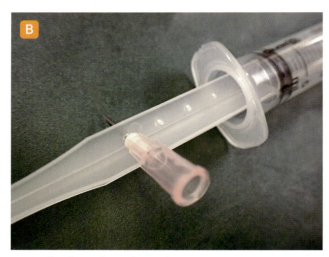

用意するものは、6〜8Frのカテーテル（フィーディングチューブなど）、5 mLまたは10 mLのシリンジ、18G針、安全ピン、3-0ナイロン縫合糸である。まず、カテーテル先端に複数のサイドホールをあける。

シリンジのプランジャー（押し子）に18G針で穴を数カ所あける。

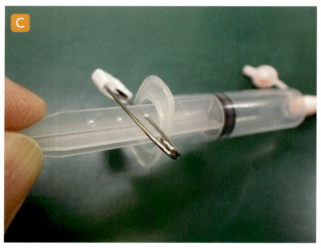
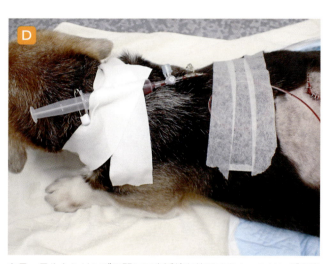

患部にカテーテル先端を挿入したら3-0ナイロン縫合糸を用いてチャイニーズフィンガートラップなどで固定する（筆者はL字に曲げた23G針を皮膚に通してその先端から3-0ナイロン縫合糸を通す方法をよく利用する）。シリンジを接続し、プランジャーを引いて軽く陰圧をかけ、プランジャーを安全ピンで固定する。シリンジ内に液体が溜まって陰圧が解除されたら、安全ピンの位置を変えて陰圧が持続するように調節する。

カテーテルとシリンジの間に三方活栓を使用すると、シリンジ交換時の液体の逆流を防ぐことができる（とくに自宅で管理する場合に三方活栓は必須である）。シリンジは、バンデージや粘着テープなどで口や四肢の届かない部位に固定しておく。

図2-8　能動的ドレーンの例（シリンジ）

治癒過程が破綻する（図2-11）。したがって、ハイドロジェルを使用する場合は必ず乾燥を防ぐドレッシング材を併用しなければならない。さらに、滲出液の多い創傷にシリコンガーゼを使用すると「乾燥により過湿潤になる」というきわめて矛盾した状態を生み出す危険性があることは、留意しておく必要がある。

つまり、ドレッシングの交換不足／吸水能不足であれ、乾燥による痂皮の蓋であれ、創面からの液体の移動（吸い上げ）が停止した状態はドレナージ不良となる。吸水性のドレッシング材が効率的に「吸水」を継続するためには、創面が適度な湿潤状態であることが必須である。

ポケット創への対処

比較的小さなポケット創で創口も小さな場合は、前述のような能動的ドレーンの設置で治癒する場合がある（第6章「症例④　猫の慢性化したポケット創」を参

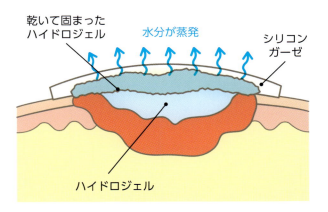

図2-9	ドレナージ不良による過湿潤
	滲出液の量に対してドレッシング材の吸水性や交換頻度が不足していると、創面からドレッシング材への体液の移動が停止して、滲出液は貯留したままとなりドレナージ不良となる。

図2-10	ハイドロジェルの誤った使用例①
	ハイドロジェルを充填した創に対して、二次ドレッシングとしてシリコンガーゼ（のみ）を使用した場合、水分の蒸発を防ぐことができずハイドロジェルが乾燥して固まり、ドレナージ不良を引き起こす。

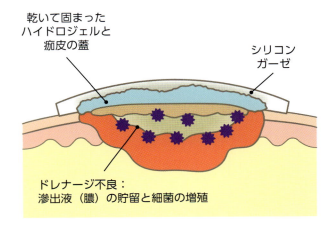

図2-11	ハイドロジェルの誤った使用例②
	図2-10の状態のまま放置すると滲出液とハイドロジェルが乾燥して固まる。これが1枚の蓋となって創面を密閉すると、ドレナージが完全に阻害されることになる。

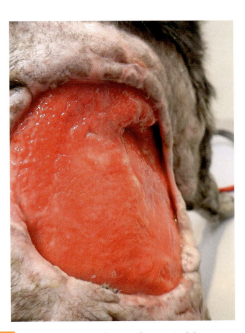

図2-12	広範囲皮膚欠損のポケット創
	犬や猫などの動物は、皮膚がルーズで下層の組織との固着が密ではないため、とくに体幹部の全層欠損創*ではポケットを生じやすい。

＊表皮および真皮を含む皮膚損傷で、皮下脂肪または筋層が露出している深い創傷のこと。

照）。広範囲皮膚欠損で創縁下に大きなポケットがあいている場合には、滲出液が貯留しないように吸水性のドレッシング材を頻繁に交換して肉芽組織の増殖を待つ。このようにポケットが埋まるのを時間をかけて待つというのが一般的な方法である（図2-12）。PICO7単回使用陰圧閉鎖療法システムなどのNPWTを使用すると、ポケットの早期閉鎖が期待できる（第3章「創傷ドレッシング材の種類と使用法」を参照）。

しかし、慢性化したポケット創では創縁およびポケット内腔が線維化して硬くなり、不良肉芽組織（慢性肉芽腫性炎症をともなう炎症性肉芽組織）で覆われて難治性の状態になっているため、外科的切除による縫合閉鎖が必要となる。ポケット創を切除する場合には、ポケットを形成している難治性の組織をすべて除

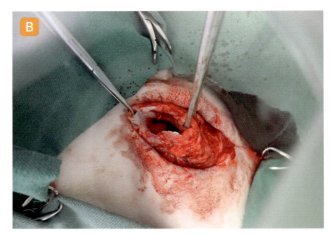
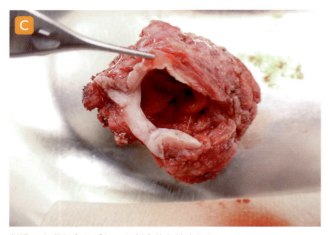
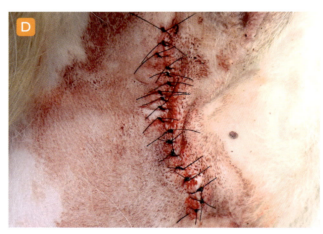

A ゴールデン・レトリーバーの会陰左側の腫瘍切除後に生じた慢性のポケット創である。

B 内腔には、線維化して硬くなった組織による難治性のポケット創が生じている。

C 創縁の皮膚を含むポケット創全体を摘出した。

D 定法により縫合閉鎖を行った。理想的には、能動的ドレーンを設置するのが望ましいが、本症例では諸事情により設置できなかった。そのため術後に漿液腫となり、2回ほど穿刺処置を行い、その後は順調に治癒した。

図2-13 慢性化したポケット創の例

去する必要がある（第5章の図5-16を参照）。ポケットを切開し、線維化した組織を確認しながらポケットそのものをできる限り完全に除去する（図2-13）。当然ながら創縁も新鮮創にして縫合閉鎖する。通常は、術後の漿液腫を防ぐためにドレーンチューブ（能動的ドレーンが好ましい）を設置すべきである。

瘻管への対処

異物などによって引き起こされた慢性（化膿性）肉芽腫性炎症が皮下（もしくはそれより深部、体腔内のこともある）に存在すると、瘻管が生じる。肉芽腫の原因となる異物はさまざまであるが（腐骨、咬んだ動物の歯など）、多くは化膿性炎症を起こした際に排膿とともに体外へ排出されるため、瘻管形成にまで至らないことが多いと思われる。筆者の経験では、瘻管の原因の多くは過去の手術で使用された結紮糸（ほとんどが絹糸、まれにワイヤー）であった。したがって、瘻管の場合も外科的切除により瘻管と炎症の基点となっている異物～肉芽腫を完全切除する必要がある（図2-14）。

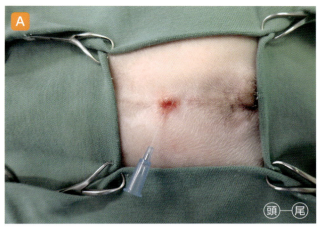
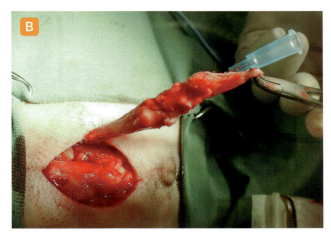

保護犬（雑種）の陰茎基部の皮下に生じた瘻管である。犬の左側に向かって22Gサーフローが2 cmほど内部に入る。

創縁の皮膚とともに瘻管を摘出した。瘻管の創底には、薄黄色い結節状の組織が認められた。去勢手術時の結紮に使用された絹糸を核とする肉芽腫と考えられた。

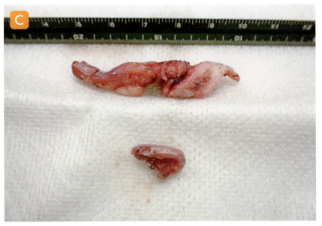

写真上：左側の瘻管と縫合糸肉芽腫、写真下：右側の縫合糸肉芽腫（瘻管は生じていなかったが摘出した）。

図2-14 縫合糸肉芽腫による瘻管の例

【参考文献】

1. Schultz, G. S., Sibbald, R. G., Falanga, V., *et al.*(2003): Wound bed preparation: a systematic approach to wound management. *Wound Repair Regen.*, 11 (Suppl1):S1-S28.
2. Atkin, L., Bucko, Z., Montero, E. C., *et al.*(2019): Implementing TIMERS: the race against hard-to-heal wounds. *J. Wound Care*, 23(Sup3a):S1-S50.
3. 大浦紀彦, 匂坂正信, 木下幹雄, ほか(2018): 特殊な創傷のデブリードマン-褥瘡のデブリードマン-. 形成外科, 61(6):676-684.
4. 一般社団法人日本褥瘡学会: 用語集. https://www.jspu.org/medical/glossary/, (accessed 2024-07-08).
5. Mathews, K., Binnington, A.(2002): Wound management using sugar. *Compend. Contin. Edu. Pract. Vet.*, 24(1):41-50.
6. Mathews, K., Binnington, A.(2002): Wound management using honey. *Compend. Contin. Edu. Pract. Vet.*, 24(1):53-60.
7. Middleton, K. R., Seal, D.(1985): Sugar as an aid to wound healing. *Pharm. J.*, 235:757-758.

第3章

創傷ドレッシング材の
種類と使用法

創傷ドレッシング材の種類と使用法

はじめに

　創傷を保護する医療材をドレッシング材と呼ぶ。創面に直接触れる層を「一次ドレッシング」といい、一次ドレッシングを覆うための第二層を「二次ドレシング」という。二次ドレッシングは、一次ドレッシングを保護・固定する、水分の蒸発をコントロールして乾燥を防ぐ、あるいは過剰な水分を吸収して湿潤環境を適切に保つなどの役割を果たす。さらに、これら一次および二次ドレッシングを保護・固定するための第三層を「三次ドレッシング」と呼ぶことがあり、これはすなわち包帯（バンデージ）類を指す。しかし、そもそも包帯（バンデージ）の役割は「ドレッシング材の固定、圧迫、患部の固定、損傷部の支持、組織内の空洞の閉塞、止血である[1]」として、包帯（バンデージ）類はドレッシング材に含まないとする意見もある。筆者も「三次ドレッシング」という用語は普段あまり使用していない。以前はガーゼ（および包帯）を含めて創傷を覆うためのあらゆる医療材をすべて「ドレッシング材」と呼んでいた。近年、ドレッシング材は「創傷の湿潤環境を保ち、創傷に固着しないようにつくられた近代的な製材」を指すようになっている[2]。

　ヒト医療においては保険算定の都合により、各創傷の深さ（①真皮に至る創傷、②皮下組織に至る創傷、③筋・骨に至る創傷）に対して使用（処方）できるドレッシング材の種類が詳細に区分されているが、当然ながら獣医療においてはこれらの保険区分に縛られることはない。各ドレッシング材の特性をよく理解し、適材適所に使用することが重要である。本章では、各ドレッシング材について解説する。

ドレッシング材の種類

　「創傷被覆材」と「ドレッシング材」は同義語として使用されることが多い（筆者も日常的には厳密に区別していない）が、実際には定義が異なる[2]。

　現在、「ドレッシング材」として扱われる製品には表3-1のようなものが挙げられる。表3-1の「創傷被覆材」にはポリウレタンフォームやハイドロジェル、親水性ファイバー、ハイドロコロイドなど、さらに細分化されたさまざまな創傷被覆材が各社から上市されており、用途に応じて利用することができる。

表3-1　ドレッシング材一覧（文献2より引用・改変）

ドレッシング材の種類	特徴	代表的な商品名
ポリウレタンフィルム（フィルムドレッシング）	創を密閉し、湿潤環境を保つ	・オプサイトウンド（スミス・アンド・ネフュー） ・テガダームトランスペアレントドレッシング（スリーエム） ・バイオクルーシブPlus（ケーシーアイ） ・キュティフィルムEX（スミス・アンド・ネフュー）
救急絆創膏	近年、創傷被覆材に近い効果をもつ製材が登場	・ハイドロコロイド絆創膏（各社） ・フィルムタイプ絆創膏（各社）
シリコンガーゼ	創傷との固着を防ぎ、湿潤環境を保つ	・トレックス-C（富士システムズ） ・メロリン（スミス・アンド・ネフュー） ・アダプティックドレッシング（スリーエム） ・メピテル（メンリッケヘルスケア）
創傷被覆材	湿潤環境に加えて、抗菌作用、止血作用など多彩な機能を付加	・本文参照
親水性ビーズ	滲出液の吸収、細菌や壊死の吸着作用	・デブリサンペースト（佐藤製薬）
人工真皮	高度な肉芽組織形成作用	・ペルナック（グンゼメディカル） ・テルダーミス真皮欠損用グラフト（アルケア） ・インテグラ真皮欠損用グラフト（センチュリーメディカル）
持続陰圧療法／局所陰圧閉鎖療法（NPWT）	滲出液の管理、肉芽組織形成、創収縮など多彩な機能	・PICO7単回使用陰圧閉鎖療法システム（スミス・アンド・ネフュー） ・Snap陰圧閉鎖療法システム（スリーエム） ・UNO単回使用創傷療法システム（センチュリーメディカル）

獣医療で使用されるドレッシング材（高頻度）

現在、各医療材メーカーからさまざまなドレッシング材／創傷被覆材が開発・販売されているが、原則的にはそのほとんどがヒト用の医療材である。ヒトと犬、猫などの動物では皮膚の特性が異なるため、ヒト用のドレッシング材をそのまま動物に使用することが難しい場合が多く、また金額的な面から継続的に使いづらいものも多い。以下に、筆者が動物の創傷治療において比較的よく使用するドレッシング材を紹介する。

ポリウレタンフィルム（フィルムドレッシング）（図3-1）

主にポリウレタンフィルムによってつくられた薄いシート状の製材で、創傷を粘着面で密封することで湿潤環境を保つ。外部からの水分侵入は遮断するが、内部からの水蒸気は多少透過させる作用をもつ。しかし、その透過量は限定的であり、滲出液の多い創傷に対して単独で使用することには不向きである。通常は、ハイドロジェルや親水性ファイバーなどに対する二次ドレッシングとして使用するか、術後の縫合創を保護する目的で使用することが多い（図3-2）。

・オプサイトウンド（スミス・アンド・ネフュー）
・テガダームトランスペアレントドレッシング（スリーエム）
　ほか

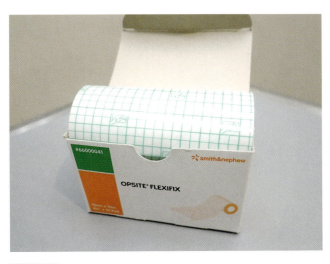

図3-1 ロール状のポリウレタンフィルム（フィルムドレッシング）
オプサイトウンド。必要分だけ切って使用する。

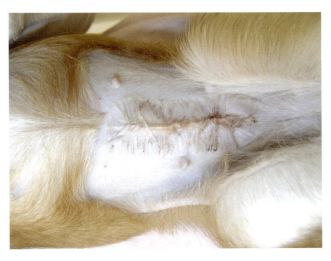

図3-2 ポリウレタンフィルムを使用した症例
不妊手術時の腹部切開創に対してポリウレタンフィルムで被覆し、数日経過した様子。本症例は、表皮縫合は行わず吸収糸による真皮連続縫合のみで閉創してある。

ポリウレタンフォーム（図3-3）

気泡を含んだスポンジ状の形状で、柔らかくクッション性をもつのが特徴である。吸水性にも優れており、滲出液の多い創傷に対しても使用できる。粘着性をもつもの、銀を含有して抗菌効果をもつもの、特殊素材により微生物を吸着する作用が付加されたものなど、さまざまなバリエーションが存在する。

・ハイドロサイト（スミス・アンド・ネフュー）
・ティエール（ケーシーアイ）
・メピレックス（メンリッケヘルスケア）
・Sorbactフォームドレッシング（センチュリーメディカル）
ほか

メピレックスとハイドロサイト

Sorbactフォームドレッシング

図3-3　ポリウレタンフォーム
薄型のもの、粘着面をもつもの、セルロースアセテート膜を有するものなどバリエーションがある。

ハイドロジェル（図3-4）

シートタイプのビューゲル（ニチバン／大鵬薬品工業）を除いて、すべての製品はジェルタイプである。水分含有量が多く、創傷に水分を与えることで軟化させ、壊死組織の融解を促進する。原則的に、デブリードマンが必要な段階の創傷に対して使用する。単独使用は不可であり、必ずポリウレタンフィルムなど水分の蒸発を防ぐ二次ドレッシングとあわせて使用する。

下記の4製品のうち後者の2製品は、バイオフィルム抑制効果をもつ比較的新しいハイドロジェルである。
・イントラサイトジェルシステム（スミス・アンド・ネフュー）
・グラニュゲル（コンバテック）
・Sorbactジェルドレッシング（センチュリーメディカル）
・プロントザン（ビー・ブラウンエースクラップ）

図3-4　ハイドロジェル
筆者がよく使用しているのはグラニュゲル（左）、プロントザン（右）などである。

親水性ファイバー（図3-5）

かつて「ハイドロファイバー」と「アルギン酸塩」に分かれていた製材を統合した製材群である。軽くて薄く、柔らかい繊維状のシート製材で、優れた吸水性をもつ。水分を吸うとジェル状になるため、ポリウレタンフィルムなどの二次ドレッシングをあわせて使用するのが原則である。アルギン酸塩のドレッシング材には、吸水性に加えて優れた止血効果があるため、出血をともなう新鮮創やデブリードマン後のドレッシングとして便利である。

・ハイドロファイバー：アクアセル、アクアセルAg（コンバテック）ほか
・アルギン酸塩：カルトスタット（コンバテック）、アルゴダームトリオニック（スミス・アンド・ネフュー）

図3-5　親水性ファイバー（アルギン酸塩）
ソーブサン（アルケア、現在販売終了）。綿のような繊維状のシートのドレッシング材である。必ず二次ドレッシングと併用する。

上記以外のドレッシング材（図3-6）

「医薬品、医療機器等の品質、有効性及び安全性の確保等に関する法律」（薬機法）に基づいてつくられた「創傷被覆・保護材等一覧（一般社団法人 日本医療機器テクノロジー協会 創傷被覆材部会作成）」[3]に記載のないドレッシング材も複数販売されている。これらのなかで筆者が好んで使用しているドレッシング材に、ズイコウパッド（瑞光メディカル）がある。ズイコウパッドの特徴は、優れた吸水性と非固着性および経済性である。とくにメッシュ状の表面シートは、特殊形状によって創面に固着しにくく（図3-7）、かつ創面からあふれた過剰な滲出液のみを吸収する構造になっているため（図3-8）、創面を"適度な"湿潤環境に保つことが可能である。また、この表面シートが吸水層と固着しておらず、ずれることによって創面にかかる擦れや剪断力を減弱する効果をもつというのも大きな利点である。

筆者は、褥瘡の創面の管理にはもっぱらこのズイコウパッドを用いている。壊死の残る褥瘡に対しては、ハイドロジェルなどの二次ドレッシングとしてズイコウパッドを使用し、壊死がなくなった創面に対してはズイコウパッドを直接被覆し、毎日交換するとよい（当然ながら、褥瘡に対しては除圧や体位変換などの管理を並行して行うことが必須である）。

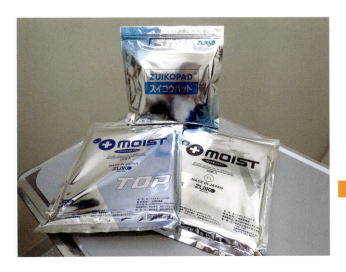

図3-6　その他のドレッシング材
ズイコウパッド（中央）、プラスモイストTOP（左、瑞光メディカル）、プラスモイストV（右、瑞光メディカル）。3製品とも同様の表面シートが使用されており、用途によって使い分ける。

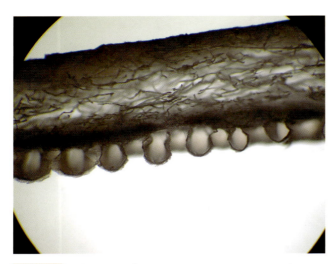

図3-7 ズイコウパッドと同様の表面シートが使用されているプラスモイストの断面
下方の波状の面が創面に接する部分である。

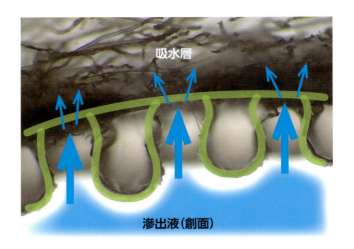

図3-8 ズイコウパッドおよびプラスモイストの構造
ズイコウパッドやプラスモイストでは、吸水層が創面に直に接していない。波状構造の表面シートの隙間を上昇し吸水層に達した滲出液だけを吸収する構造になっている。そのため、創面は適度な湿潤状態が保たれ、ドレッシング材が創面に固着しにくい特徴をもつ。

獣医療で使用されるドレッシング材（低頻度）

上記のドレッシング材のほかにも、使用頻度は低いものの、動物に対して使用可能なドレッシング材がいくつか挙げられる。

ハイドロコロイド（図3-9）

ハイドロコロイド粒子（親水性ポリマー）でできた粘着性のあるシート状のドレッシング材で、外側はポリウレタンフィルムで覆われている（一部ペースト状の製品もある［ストーマの隙間を埋める目的などに使用される］）。吸水性は低いため、滲出液の多い創傷には適していない。粘着面で密閉されるため、壊死組織や汚染・感染のある創傷には禁忌である。動物の皮膚に貼りつけるためには、バリカンで被毛をしっかりと刈ってサージカルスクラブなどで皮膚表面の汚れと皮脂を落とし、さらに皮膚被膜剤（キャビロン［スリーエム］ほか）を使用するなど、手間がかかる。さらに、一度貼りつくと剥がすのに難渋するため、頻繁な交換は困難である（図3-10）。このような理由から、筆者は動物に対してはほとんど使用していない。

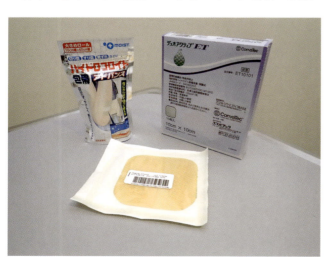

図3-9 ハイドロコロイド
ハイドロコロイド包帯 アドバンス（左、瑞光メディカル）、デュオアクティブET（中央、右、コンバテック）。必要な大きさに切って使用する。厚みの違いにより吸水性に差があるが、基本的にはどの製品も吸水性には乏しいため、滲出液の少ない切創や擦過創に対して使用する。

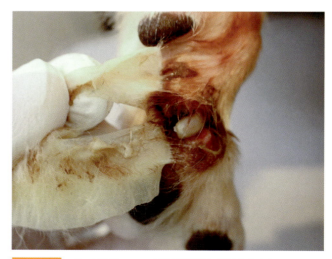

図3-10 ハイドロコロイドが固着し剥がすのに難渋した症例
肢端部の創に対して、ご家族の判断によってハイドロコロイド（キズパワーパッド［ジョンソン・エンド・ジョンソン］）が貼られていた。軟化して"ガム"のようになったハイドロコロイドが皮膚や被毛に固着すると、剥がすのに難渋することが多い。

シリコンガーゼ（図3-11）

　非固着成分コートガーゼとも呼ばれ、コットンガーゼの表面（片面／両面）がメッシュ構造のシートで覆われている。「非固着性」とはいうものの、筆者の経験では創面が乾燥すると容易に創面と固着し、除去の際に出血をともなうことが多いと感じている。乾燥を防ぐための層がないため、「湿潤環境を保つドレッシング材」とは呼べないというのが筆者の認識である。

とくにハイドロジェルに対する二次ドレッシングとして使用すると、乾燥によって創面に固着したり、乾いて固まったハイドロジェルによってドレナージ不良を引き起こしたりすることが多い（第2章の図2-10、2-11を参照）。筆者は、あえて「乾燥させたい場合」や、「術創（縫合部）を物理的に保護する場合」などを除き、開放創を管理する目的ではほぼ使用していない。

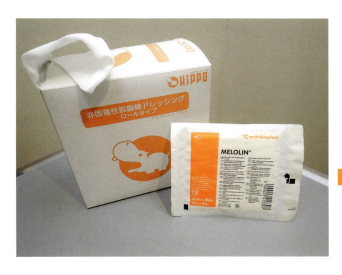

図3-11　シリコンガーゼ
HIPPO非固着性脱脂綿ドレッシングロールタイプ（左、シグニ）、メロリン（右、スミス・アンド・ネフュー）「非固着性」とはいうものの湿潤を維持する構造ではないため、創面の乾燥により固着する場合があり、使用には注意が必要である。

人工真皮（図3-12）

　生体材料を利用したドレッシング材をバイオロジカルドレッシングと呼ぶ。いくつかの製材が入手可能であるが、筆者が使用した経験があるのはテルダーミス真皮欠損用グラフト（アルケア）とCytal Wound Matrix（Integra LifeSciences）の2種である。これらは人工真皮と呼ばれるコラーゲンマトリクスであり、製品によって「若いウシの真皮（テルダーミス真皮欠損用グラフト）」、「ブタの膀胱（Cytal Wound Matrix）」、「ブタの腱（ペルナック［グンゼメディカル］）」などを原料としている。人工真皮は高度で急速な肉芽組織形成作用が期待できるため、筆者はこれらの製品を、骨膜や腱、靭帯などが露出した創傷に対して使用することがある（図3-13）。

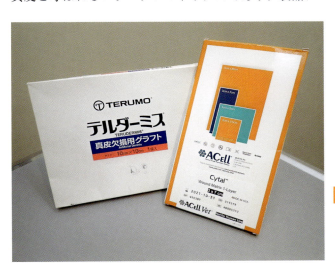

図3-12　人工真皮
国内製品としてはテルダーミス真皮欠損用グラフト、ペルナック、インテグラ真皮欠損用グラフト（センチュリーメディカル）などがある。Cytal Wound Matrixは海外からの輸入製品である。

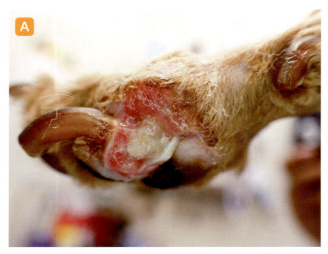

トイ・プードルの右前肢橈尺骨骨折の整復手術後のギプス固定により、肢端内側に創傷が生じ、第1指外側の指骨の骨膜と靱帯が露出している。この創傷に対してテルダーミス真皮欠損用グラフトを使用し、ハイドロサイト薄型（スミス・アンド・ネフュー）で覆ってバンデージにて保護した（肢端部のバンデージに関しては第4章「包帯法（バンデージング）」を参照）。

テルダーミス真皮欠損用グラフト充填4日後、旺盛な肉芽組織の増殖によって骨および腱の露出部が埋まってきている。

治療開始から25日で完治となった。

図3-13 人工真皮を使用した症例

セルロースアセテート（図3-14）

2020年に登場したSorbactコンプレス（センチュリーメディカル）のみが、このドレッシング材に分類される。メッシュ状の薄いシート製材であり、滲出液を透過するため吸水性の二次ドレッシングと併用する必要がある。このシートは細菌を吸着する作用があるため、バイオフィルムの制御に有効である。

図3-14 セルロースアセテート
現在はSorbactコンプレスの1製品のみである。非固着性ではないため、乾燥すると創面と固着する。

持続陰圧療法／局所陰圧閉鎖療法(NPWT)

ヒト医療において、昨今の高齢化や生活習慣病を背景とした褥瘡や糖尿病性足潰瘍、静脈うっ滞性潰瘍など、既存の治療法のみでは治療が困難な創傷を「難治性創傷」と呼ぶ。これらに対する治療法として、持続陰圧療法／局所陰圧閉鎖療法（Negative pressure wound therapy：NPWT)が注目されている。NPWTは大別すると、V.A.C.治療システム(スリーエム)やRENASYS TOUCH陰圧閉鎖療法システム（スミス・アンド・ネフュー）など専用の機器に接続してベッドサイドで管理するタイプと、Snap陰圧閉鎖療法システム（スリーエム）やPICO7単回使用陰圧閉鎖療法システム（スミス・アンド・ネフュー）（図3-15）、UNO単回使用創傷療法システム（センチュリーメディ

カル）など在宅管理用のポータブルな単回使用の小型機器を使用するタイプがある。これらのなかで筆者が使用した経験があるのはPICO7単回使用陰圧閉鎖療法システムのみである（第6章「症例⑪ 猫の両足底部の皮膚欠損創」を参照)。「在宅管理用」とはいえ、動物での使用に際してはやはり入院による管理が必要である。

NPWTにより期待できる治癒のメカニズムとしては、次の5つが挙げられる[4]。

・創収縮の促進
・過剰な滲出液の除去と浮腫の軽減
・細胞、組織に対する物理的刺激
・創血流の増加
・感染性老廃物の軽減

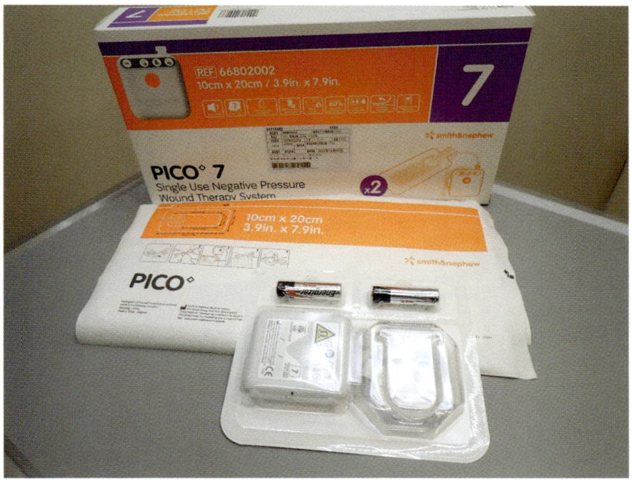

図3-15 PICO7単回使用陰圧閉鎖療法システム

非医療材を利用したドレッシング法

非医療材による方法を記載することには賛否が分かれるものと思われる。筆者も、非医療材の使用は積極的に推奨すべきものではないと考えている。一方で、限られた資材や製材をさまざまに工夫することで、犬や猫、その他の動物に対する治療に用いてきたという事実も、獣医療の歴史の重要な一側面であると考えられるだろう。動物用につくられたドレッシング材の選択肢がほぼない現状において、さまざまな理由（経済的理由［高機能ドレッシング材は高価なものが多い]

や、ヒト用の製材に適当なものがない［帯に短し襷に長し］など）により、衛生材料などの非医療材を用いるほうが便利な場合がある。

以下に、筆者がドレッシング材として転用している非医療材を紹介する。非医療材の使用に際しては、創傷の状態や感染徴候を適切に見極め、使用する資材の特性をよく理解し、動物のご家族に非医療材を使用することへの理解・承諾を得たうえで、自己の責任において実施されたい[※1]。

※1 公益社団法人 日本皮膚科学会による「褥瘡診療ガイドライン」（2023年発行）では、褥瘡に対する"ラップ療法"への見解として「食品用ラップなどの医療材料として承認されていない材料の使用は、

使用者責任となるため、治療前に患者および家族の同意を得ておく必要がある」と注意を促している。そのうえで、「慎重な適応の検討が必要」と消極的ながら選択肢の1つとして認める記載がなされている。

生理用ナプキン、介護用紙おむつ（フラットタイプ[※2]）、母乳パッド、ペット用トイレシーツなど

　ヒト用の衛生材料のなかには、吸水性に非常に優れたものがある。とくに母乳パッドは、そのややお椀型にくぼんだ形状が犬や猫の関節部や骨突部にフィットするため、使い勝手がよい。裏面に両面テープがついている点も、バンデージからの脱落を防ぐのに便利である。広範囲の創傷に対しては介護用紙おむつ（フラットタイプ）、頻繁な交換が必要でより安価に済ませたい場合はペット用トイレシーツを使うこともある。

　これらの吸水性パッドは「創傷用」にはできていないため、創面に直接被覆すると固着して交換の際に疼痛と出血をともなう。したがって、必ず固着を防止するための一次ドレッシングを併用する必要がある。固着性がなくメッシュシート状で滲出液を透過する一次ドレッシングとしては、プラスモイストTOP[※3]または下記の「穴あきポリ袋」を利用する方法などがある。

穴あきポリ袋（図3-16）

　キッチンの三角コーナーなどで使用する水切り用のポリ袋を適当なサイズに切って使用する。これは衛生材料ですらないため、このような書籍に記載することについてはためらいもあるが、実際に筆者は必要に応じて時々使用している（第2章「創傷の管理法」を参照）。著しい汚染や壊死が残存し、デブリードマンが必要な状態の創傷に対して、高機能の近代ドレッシング材を用いて頻繁に交換する行為は、動物のご家族に対してかなりの経済的負担となる。安価な穴あきポリ袋を利用することには、一定の利点があると考える（図3-17）。

図3-16 三角コーナー用の多孔のポリ袋
袋のまま使用するのではなく、必要な分だけ切って吸水性の二次ドレッシングとあわせて使用する。

[※2] 紙おむつは、吸水ポリマーが粒状になっているものが多く、鋏でカットすると、これがあふれて使いにくい。一方、サルバLLD（白十字）は吸水ポリマーがシート状であるため、切っても粒があふれない。

[※3] ズイコウパッドの表面シート部分のみが独立した製品である。必ず二次ドレッシングとあわせて使用する。

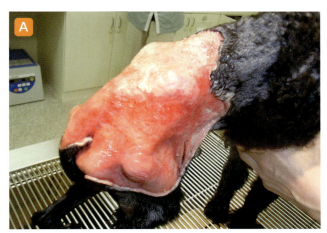
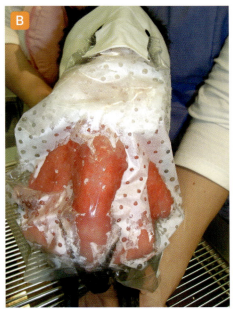

A: トイ・プードルの腰部背側全面に生じたきわめて広範囲の皮膚全層欠損。皮下輸液によって生じた可能性が疑われた。

B: 皮弁や植皮などの外科的処置を実施するまでの期間、創面の状態を整える目的でドレッシング管理を行った。しかし、あまりに広範囲であり既存のドレッシング材では適当なものがみつからなかったため、穴あきポリ袋で被覆し、さらに吸水性パッド（フラットタイプの介護用紙おむつ［サルバLLD］）で覆って頻繁に交換した。

図3-17　穴あきポリ袋を代用した症例

【参考文献】

1. Bishop, W. J.(2009): 創傷ドレッシングとは何か. In: 創傷ドレッシングの歴史, 川満富裕 訳, p.3, 時空出版.
2. 前川武雄(2021): ドレッシング材の種類. In: 臨床現場で役立つ ドレッシング材の上手な使い分け, p.2, 日本医事新報社.
3. Smith Nephew: 創傷被覆・保護材等一覧. https://prod-we-cd.smith-nephew.com/ja-jp/japan/wound/hifukuhogozai, (accessed 2024-07-08).
4. 慢性潰瘍. In: まるわかり 創傷治療のキホン（宮地良樹編）, pp.217-221, 南山堂, 2014.

第4章

包帯法（バンデージング）

包帯法（バンデージング）

はじめに

　本章では、実際の包帯法（バンデージング）を写真を用いて解説する。

　ヒトにおける包帯法の歴史は古く、古代エジプトにまでさかのぼるといわれており、日本では国内最古の医学書である「医心方」（984年）にも記載があるという。ヒト医療の現場では、包帯法は主に看護師、理学療法士、柔道整復師などによって行われることが多く、骨折の際のギプス固定などの場合を除き、医師が直接患者の包帯を巻く機会は少ないようである。また通常、ヒトで使用される包帯類は巻軸包帯[※1]、管状包帯[※2]、その他の包帯（三角巾、腹帯、絆創膏包帯など）のように分類されている（細かな分類は文献により異なる）。一方、獣医療においては、包帯はもっぱら獣医師によって行われることが多い。その理由は、包帯の巻き方や巻きの強さなどによるほんのわずかな違いが、治療そのものの成否にかかわるためであると考えられる。

　動物に対する包帯の管理上の特性は、全身を覆う被毛の存在や皮膚の可動性が優れているために、包帯がずれたり外れたりしやすい点が挙げられる。最も大きな（ヒトとの）違いは、不具合が生じた場合に動物が自ら「きつい、痛い、痺れる、異臭がする[※3]」などと訴えることができない点である。そのため、包帯のずれや過度な圧迫によりうっ血、血行不良などを生じても早期に気づくことができず、放置され悪化することが非常に多い。このような状況を防ぐためには、適切な包帯法を用いることはもちろん、家庭においても動物のご家族に対して患部を頻回に観察するよう指導する。少しでも異常がみられればすぐに受診してもらい、包帯のチェックをすべきである。

包帯（バンデージ）の目的

目的①　三次ドレッシング

　創傷管理におけるバンデージの目的は、第1にドレッシング管理における三次ドレッシングとしての役割である。つまり、創面を直接被覆する一次および二次ドレッシングを保護、固定するものである（骨折や脱臼整復など、整形外科症例に用いられるキャスティングについては他書に譲る）。不適切なバンデージングは役に立たないばかりではなく、とくに尾や四肢などの末端部分においては、血行障害による壊死・脱落など、取り返しのつかないトラブルを引き起こす危険性がある。また、肘や踵などの関節可動部位では、同部位が「動く」ことを前提にしたバンデージ管理を行う必要がある。これが適切に行われなければ、創傷の治癒が遅れるだけでなく、バンデージそのものによる圧迫や擦れによる医原性の損傷（図4-1）を新たにつくってしまうことにもつながるため、とくに慎重なバンデージ管理が必要である。

目的②　止血・浮腫の軽減を目的とした圧迫

　もう1つバンデージの目的として挙げられるのが「止血・浮腫の軽減を目的とした圧迫」である。

　緊急時に一時的に出血部位を圧迫することはある程度有効であるが、数分経過しても出血が止まらない場合は、ほかの止血方法を検討すべきである。バンデージによる持続的な圧迫は、周囲組織の血行不良を引き起こす危険性が高くなる。

　浮腫軽減のための圧迫包帯（または弾性ストッキング）は、動物ではあまり用いられることはなく、漿液腫は圧迫しても軽減されない（ドレーンチューブの設置が有効。第2章「創傷の管理法」を参照）。

　したがって「圧迫を目的としたバンデージ」は本書で取り扱わない。

※1 巻軸包帯には巻軸帯（非伸縮性綿包帯）、伸縮包帯、弾性包帯が含まれる[1)]。
※2 伸縮性のあるネットを筒状にしたもの（ストッキネットなど）。

※3 筆者は「骨折手術後のキャストを長期放置され、内部にハエウジがわいていた症例」をみた経験がある。

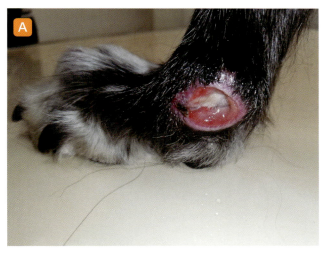

グレーハウンドの趾関節の脱臼整復のために施されたバンデージによって生じた肢端部側面の圧迫創である。

イタリアン・グレーハウンドの橈尺骨骨折整復手術後のギプス管理によって生じた肘頭の損傷である。

図4-1 肢端部や関節部に生じた医原性の損傷

テープ、バンデージの種類

創を直接覆うためのドレッシング材を固定・保護するための三次ドレッシングとして使用されるテープ類、バンデージ類にはさまざまなものが存在するが、筆者がよく使用しているものを以下に紹介する。

綿性の巻軸包帯（図4-2）
▶弾性包帯（厚めで伸縮性あり。ウエルタイなど）

テープ類（図4-3）
▶サージカルテープ
▶テーピング用テープ
▶両面テープ　など

ギプス下巻用クッション包帯（図4-4）
▶キャストパッド プラス
▶クラシール　など

粘着性伸縮包帯（図4-3）
▶スパンテックス
▶ハイラテ　など

自着性保護包帯（図4-5）
▶ヴェトラップ
▶ヒッポラップ　など

衝撃吸収材（図4-6）
▶コスモスーパーゲルシート　など

当然ながら、症例によってここに載せたもの以外の医療材（または非医療材）を利用することもある。とくに動物の場合は、体格・体型・性格・受傷部位がさまざまである。同じ部位の似たような創傷であっても"同様のバンデージング"で管理できるとは限らない。症例ごとに合った方法を考え（ときには動物のご家族から優れたアイデアをいただくこともある）、あらゆる素材を利用する柔軟性をもつことが大切であると筆者は考えている。

ヒトで多用される非伸縮性の巻軸帯（綿包帯）は、凹凸が多く被毛で滑りやすい動物の皮膚にはフィット感が悪く使いにくい。そのため、動物に使用されるバンデージは伸縮性をもつものが多い。伸縮性のバンデージを患部、とくに尾や四肢など末端部に巻く際にはテンションをかけないように注意する必要がある。伸縮性と粘着性を兼ね備えたバンデージは、時間の経過とともに徐々に圧迫が強くなり、血行不良や皮膚損傷を引き起こす危険性が増す。自着性保護包帯（図4-5）を使用する場合は、必ず巻きをいったんすべて剥がして、軽く巻き直してから使い始めなければならない。このようにすることで、引っ張りながら巻くことがなくなり、絞扼による組織の圧迫を防ぐことができる。

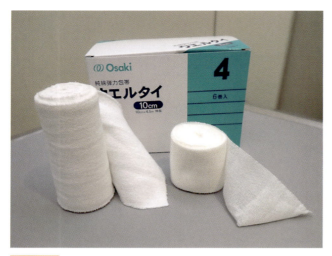

図4-2 綿性の巻軸包帯
左:綿性の弾性包帯(ウエルタイ)、右:巻軸帯(非伸縮性綿包帯)。

図4-3 テープ類、粘着性伸縮包帯
左上:サージカルテープ、右上:スパンテックス、左下:両面テープ、右下:テーピング用テープ。

図4-4 ギプス下巻用クッション包帯
左:キャストパッド プラス、右:クラシール

図4-5 自着性保護包帯
ヒッポラップ。左:開封直後の状態、右:いったん剥がして軽く巻き直した状態。使用の際には必ず右のような状態にしてから使い始める。

図4-6 衝撃吸収材(非医療材)
コスモスーパーゲルシート。筆者は肘や踵などの衝撃防止のために使用している。

44

基本的な包帯法の名称

包帯の巻き方にはさまざまな方法があり、部位や目的により使い分けられる[2]。動物へ応用する際に覚えておくべき基本的な包帯法を以下に紹介する。各包帯法は、それぞれ単独で用いる場合もあれば、適応部位や個体によりいくつかの方法を組み合わせて使用する場合もある。

環行帯（図4-7）

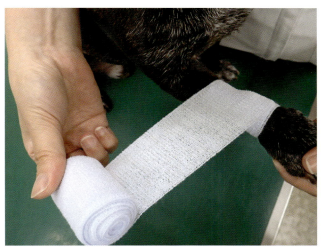

1巻き目の上に、2巻き目以降をそのまま重ねて巻いていく方法を環行帯と呼ぶ。通常は、各包帯法の巻き始めと巻き終わりにこの方法を用いる。

螺旋帯（図4-8）

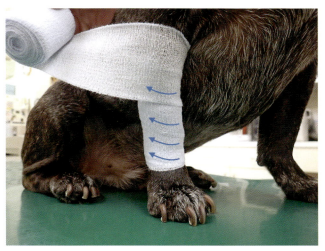

1巻き目の上に2巻き目以降を包帯幅の1/2～2/3重ねて巻いていく方法である。通常は、遠位から近位に向かって巻き上げる（上行性／求心性螺旋帯）のが一般的である。

折転帯（図4-9）

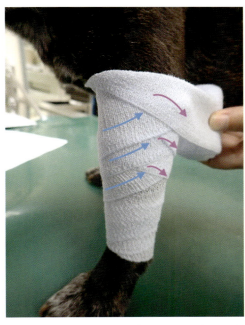

包帯を巻く部位の上下に太さの差がある場合などに、1巻ごとに包帯をV字に折り返して巻いていく方法である。やはり、遠位から近位に向かって巻き上げるのが一般的である。

亀甲帯（図4-10）

ヒトにおいて、肘や膝などの関節に対して、ある程度の可動性を残した状態で包帯を巻いていく方法である。中心から外へ巻いていく遠心性亀甲帯と、外から中心へ巻いていく求心性亀甲帯とがある。動物でも肘や踵などの可動性のある部位に利用できる。

麦穂帯（図4-11）

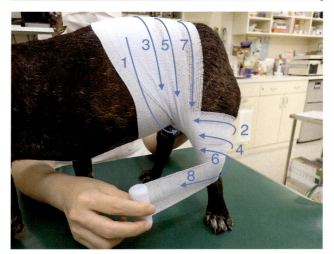

ヒトにおいて、肩や股関節などを巻く際によく用いられる方法で、数字の8の字状に巻きながら少しずつずらしていく方法である。巻き上げた包帯の交差部位が麦の穂の形にみえることから、この名称がついたとのことである。上行（求心性）麦穂帯と下行（遠心性）麦穂帯とがある。

三節帯／三角巻き（図4-12）

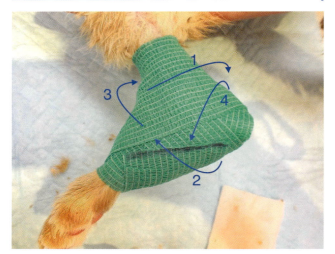

踵など三角形になる部位に対して用いる包帯法である。

蛇行帯

基本的には螺旋帯と同様であるが、包帯どうしを重ねずに間隔をあけて巻いていく方法である。ヒトにおいて、ガーゼやシーネ（スプリント［副木］）を仮固定する際に使用する方法であるが、実際にはあまり使われない。動物においても、ほぼ使用する場面はないと思われる。

反復帯（図4-13）

ヒトの指先などの先端部分に対して、包帯を数回折り返して往復させる方法である。先端部を覆ったら90度折り返して、環行帯〜螺旋帯などで患部全体を覆って固定する。動物でも、肢端部や尾の先端部などに応用することができる。

部位ごとのバンデージングの手技

　筆者は基本的に、術後の縫合創に対してガーゼやバンデージによる管理は実施していない（足底や踵などの負重部位を除く）。時折、腹部正中切開創などに対してポリウレタンフィルムで被覆する程度である。したがって、下記に紹介するバンデージングは主に開放創に対するドレッシング管理の一環として行われる手技である。とくに体幹部に関しては、最近では動物用の術後衣（術後服）がさまざまに進化している。ドレッシング交換にともなってバンデージを頻回に交換する手間を考えると、これら術後衣を上手に利用したり、ペット用オムツでドレッシング材を固定したりして工夫するほうが現実的である場合が多い。

頭部のバンデージ（図4-14）

　頭部のバンデージは耳を挟んで前後に対して行う。頭部の皮膚は前後に可動するため、とくに前頭部に巻いたバンデージが前方（吻側）にずれやすい。ずれたバンデージが眼瞼や眼球に接触すると、結膜や角膜を損傷する危険性が生じるため、前方へ落ちないように注意が必要である。

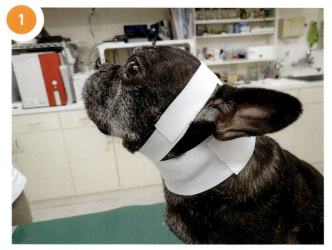

前頭部および後頭部〜頸部にかけて粘着性伸縮包帯を1〜2周ほど巻く。前頭部には細め（小〜中型犬なら2.5 cm幅）の粘着性伸縮包帯を、後頭部〜頸部には太め（小〜中型犬なら5 cm幅）の粘着性伸縮包帯を使用して、頸部がきつく締まるのを防ぐようにする。

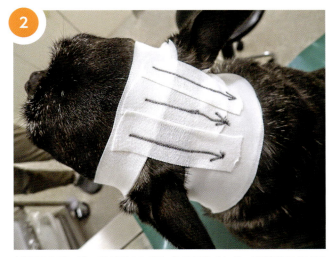

前頭部のバンデージが前方に落ちるのを防ぐため、頭頂部において、前頭部と後頭部のバンデージに対して垂直に架橋するように、粘着性伸縮包帯を2、3本ほど貼りつけることで"アンカー"とする。

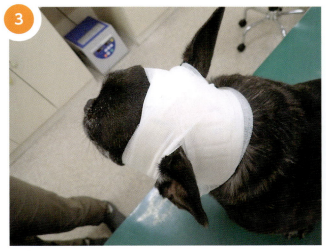

ギプス下巻用クッション包帯と自着性保護包帯を用いて、頸部から環行帯〜螺旋帯で巻き始め、耳の部分は頭頂部でクロスさせるように1〜2周して前頭部で留める。

耳介の付け根への擦過創を防ぐため、バンデージに切り込みを入れて摩擦を防ぐ（写真左が切り込みを入れる前、写真右が入れた後）。また、頭側のバンデージが眼瞼裂にかかりそうな場合は、側面の自着性保護包帯を内側に少し織り込むことで眼瞼への接触を防ぐことができる（写真右）。

耳介のバンデージ（図4-15）

耳介に対するバンデージは、耳血腫や総耳道切除の術後管理、耳介の外傷や腫瘍切除後の管理などの際に用いる場合がある。耳介が大きく垂れた犬種では比較的行いやすいが、耳介が小さく立っているタイプの犬種や猫では固定がやや困難なこともある。アンカーテープをしっかり留めるとうまく固定できる。

耳介をバンデージで固定する場合は、耳介の前後の辺縁に沿って粘着性伸縮包帯（または非伸縮性のテーピング用テープ）を用いて、耳介の縁を裏表から挟み込むように2つ折りにした状態のものを"アンカー"とする（アンカーテープ）。アンカーは、頭部全周を約1周する程度の長さを残しておく。

https://e-lephant.tv/ad/2003574

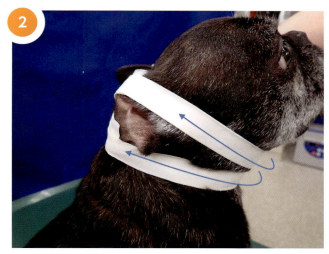

患側の耳介の裏に、数枚のガーゼを折り畳んだものを"枕"としてあてがい、アンカーテープを軽く引っ張りながら頭部を1周させる。それぞれのアンカーテープは、耳介の頭側と尾側を押さえるようにして反対側に固定する（こうすることで耳道があいた状態を維持することができる）。必要に応じて術創をドレッシング材で被覆しておく。

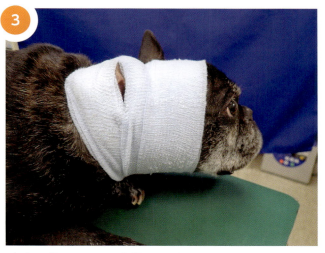

ギプス下巻用クッション包帯または弾性包帯を用いて、頭部全体を保護する。耳道の処理は、1周ごとにペンでマークをしておいて、最後に包帯剪刀でカットして穴をあける方法がある。しかし筆者は、あらかじめ耳道の位置をあけてバンデージを行うことが多い。

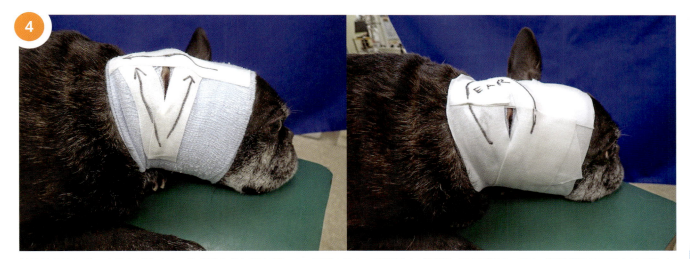

粘着性伸縮包帯で全体を補強する。粘着性伸縮包帯を用いて、耳道を挟んで頭側および尾側にそれぞれ2～3周、頭頂部はクロスさせて巻く。前述のように前後方向にバンデージがずれるのを防ぐため、耳道の背側と腹側にずれ防止のためのアンカーテープを貼りつけ、その前後をさらにバンデージ固定する（写真左）。最後に、耳介の位置をペンでバンデージに書き込んでおく（写真右）。これにより、バンデージを外す際に誤って包帯剪刀で耳介を切ってしまう事故を防ぐことができる。

頸部のバンデージ（図4-16）

　頸部の外傷などにバンデージを用いる際には、とくにきつく締まらないように注意する必要がある。患部に非粘着性のドレッシング材などをあてがう場合には、バンデージがクルクルと回ることでずれてしまわないように、ドレッシング材を粘着テープ（筆者はスパンテックスや両面テープを使用することが多い）で被毛や皮膚に軽く固定しておく必要がある。

ギプス下巻用クッション包帯で、肩関節の頭側縁から下顎角の直下までの範囲（↔）をゆるめに巻く。さらに自着性保護包帯で全体を補強する。頸部全域を覆うことで、バンデージをゆるめに巻いても前後へのずれを予防することができる。

体幹部（上半身）のバンデージ（図4-17、図4-18）

　体幹部のバンデージは、その目的にもよるが、現在ではさまざまな術後衣が売られており、これを利用するのが便利である（図4-17）。バンデージを使用する場合は以下の手順にて行う。

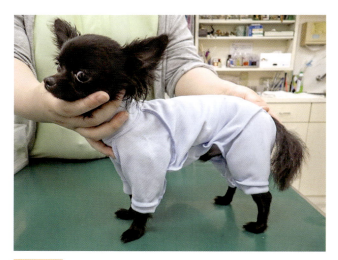

図4-17　市販の術後衣
術創を舐めたり引っ掻いたりするのを防ぐような目的の場合は、術後衣を利用するのが便利である。

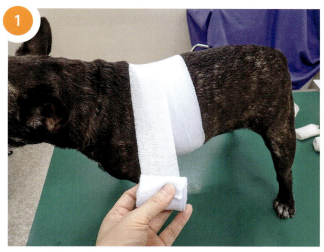

弾性包帯またはギプス下巻用クッション包帯を用いて、必要に応じて体幹部尾側（雄犬では陰茎包皮の直前）から環行帯で2周ほど巻いてから、頭側に向かって螺旋帯で肩の位置まで巻く。包帯の重なりは、包帯幅の1/2程度が適切である。

たすきがけの要領で肩前から腋窩を通し、これを左右ともに2周ずつ行ってから、前胸部で2～3周ほど環行帯で巻く。

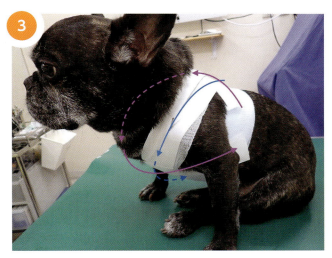

粘着性伸縮包帯で肩のたすきがけ部分から補強する。粘着性伸縮包帯は右肩→左腋窩、左肩→右腋窩と前胸部でクロスする形で、始めと終わりを少し長めに余らせて貼りつける。

たすきがけにした粘着性伸縮包帯の上に粘着性伸縮包帯を重ねて、胸部から腹部にかけて全体を保護する。さらに保護したい場合は洋服やストッキネットを被せるか、自着性保護包帯で補強する。最後に、腋窩の皮膚の擦れや食い込みがないかどうかをチェックする。

包帯法（バンデージング）

腰部〜下腹部のバンデージ（図4-19）

　腰部〜下腹部のバンデージは、上半身のバンデージに比較してさらに難易度が増す。ずれ防止のために粘着性のテープやバンデージを多用して、かなりしっかりと固定する必要がある。しかし、大腿部付け根の皮膚襞部分や内股、包皮周辺や陰嚢部の皮膚などは擦れや食い込みなどの皮膚障害が生じやすい。したがって、この場合も術後衣や犬または猫用の洋服などをうまく利用するほうが実用的である（図4-17）。

https://e-lephant.tv/ad/2003575

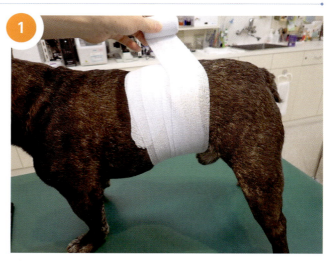

バンデージを使用する場合は、まず弾性包帯などを用いて環行帯〜螺旋帯で頭側の腹部から（グレーハウンドなど胸部と腹部の径が極端に異なる犬種の場合は胸部から開始するほうがよい）大腿部付け根（雄の場合は包皮の直前）までを巻く。

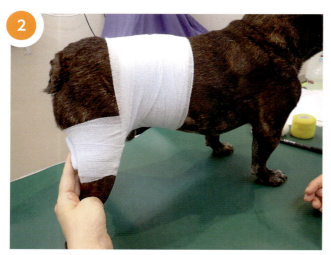

大腿部と下腹部を麦穂帯の要領で少しずつずらして2〜3周ほど巻き、これを左右に対して行う。

粘着性伸縮包帯で弾性包帯を補強する。筆者はまず、体幹の長軸に沿って縦方向に左右の背中〜臀部〜内股〜大腿部頭側〜腰部背側までを1本の粘着性伸縮包帯で固定する。同様に、包帯幅1/2程度ずつずらしながら片側3本程度ずつ粘着性伸縮包帯を巻く。

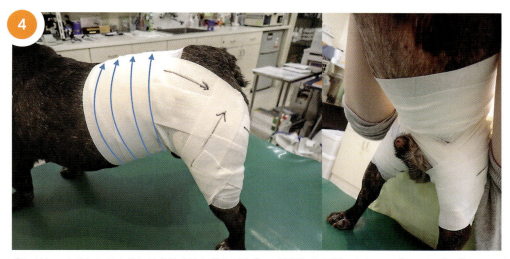

③に対して直角になるように粘着性伸縮包帯を1周ずつ、頭側から尾側に向かってずらしながら巻いていく（写真左）。バンデージ全体が毛並みに沿って後方へずれないように、頭側の1周目の粘着性伸縮包帯は被毛に直接固着するように巻き始めるほうがよい。雄の場合は包皮部分がしっかりとバンデージから露出していることを確認する（写真右）。

尾のバンデージ（図4-20）

尾に対するバンデージの注意点は、基本的には後述の「肢端部のバンデージ」と類似している。しかし、尾は伸縮性バンデージの張力による血行不良を生じやすく、最悪の場合、尾の壊死・脱落を生じる危険性もあるため十分な注意が必要である。

動画でわかる

https://e-lephant.tv/ad/2003576

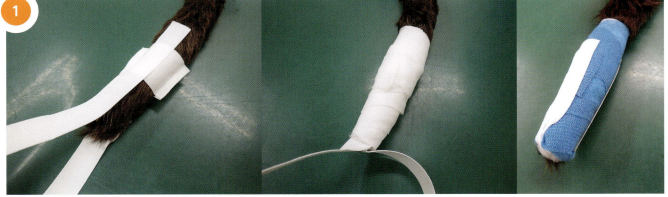

患部を適切なドレッシング材などで被覆した後*1、テーピング用テープ（または粘着性伸縮包帯でも可）を用いて1、2本のStirrup（直訳すると「鎧(あぶみ)」）をつくる（写真左）。キプス下巻用クッション包帯を用いて環行帯〜螺旋帯であまりテンションをかけずに2〜3周巻く（写真中央）。自着性保護包帯を用いてテンションを加えずに螺旋帯で全体を覆うように巻いたら、最後にStirrupを折り返し反転させて貼りつける（写真右）。バンデージ後は、できれば連日バンデージ交換を実施して血行不良の徴候に十分注意する。

＊1 尾の創傷に非固着性のドレッシング材を固定する際にも、粘着テープを螺旋帯の要領でグルグル巻かず、上下（または左右）からサンドイッチ状に貼りつけることで絞扼を回避する。

肢端部のバンデージ（図4-21〜図4-23）

肢端部と、後述する関節（肘・踵）部のバンデージを適切に行うことはきわめて重要である。これらは、バンデージによって生じる医原性の損傷を引き起こす危険性が非常に高い部位である。逆にいえば、不適切なバンデージングによって生じた外傷は、下記の点に留意して適切な巻き方に改善すれば、たいていの場合は治癒する可能性が十分にある、ということでもある[※4]。

肢端部のバンデージに際しては、爪および指間部／趾間部、狼爪（第1指／第1趾）、前肢手根球、中手指関節／中足趾関節の内外側に対する前処置が重要である（図4-21）。これらの部位に圧迫防止策を施さずにバンデージ固定を行うと、持続的な圧迫により皮膚の損傷または一部壊死などを引き起こす危険性がある（図4-22）。

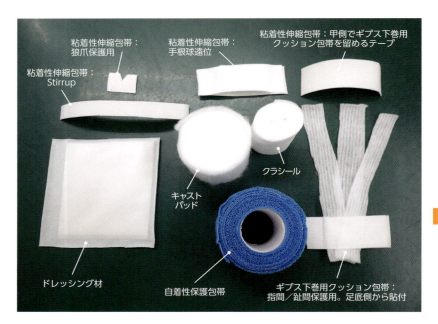

図4-21 肢端部のバンデージの準備（1例）

肢端部のバンデージに際しては、爪および指間部／趾間部、狼爪（第1指／第1趾）、前肢では手根球、中手指関節／中足趾関節の内外側突出部に対する前処置が必要である。

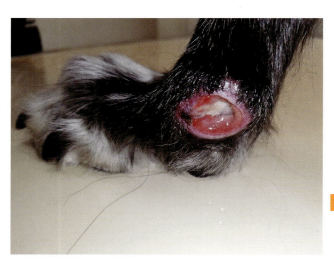

図4-22 バンデージによる肢端部の損傷

グレーハウンドの後肢趾骨関節脱臼の整復のために施されたバンデージによって生じた、中足趾関節外側の皮膚損傷である。

※4 血行遮断によって組織が完全に壊死してしまったり、腱や骨膜が大幅に露出して乾燥・壊死してしまった損傷では、治癒が望めない。また（とくに猫で）慢性化した創傷では、フラップなどの形成外科的な方法が必要となる場合もある。

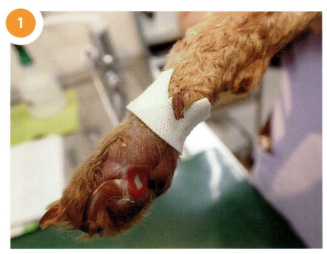

切り込みを入れた粘着性伸縮包帯などを用いて狼爪下の皮膚を保護し、爪によってえぐれるのを予防する。

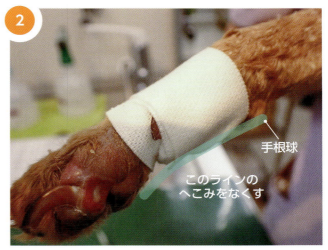

前肢の場合は、手根球～メインパッド間のへこみを平坦化するため、乾綿などを「枕」にして、粘着性伸縮包帯で（テンションをかけずに軽く1周）固定する。

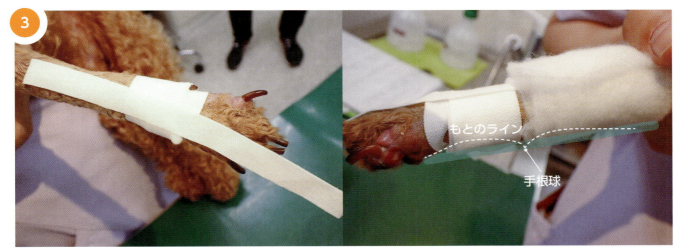

非伸縮性のテープ（テーピング用テープなど）または細く切った粘着性伸縮包帯を長軸に沿って貼りつけ、先端部を肢端部より数cm程度余しておく（写真左）。このStirrupは、バンデージが"すっぽ抜ける"ことを防止するのに役立つ。Stirrupは、肢端の創傷の位置やサイズにより1、2本設置する。手根球より近位の前腕部（細い部位）にギプス下巻用クッション包帯を2～3周巻いて前後との段差をなくし、できるだけ全体の太さを均一にする（写真右）。

患部（本症例では第2指端の内側面）にドレッシング材をあて、テープ（いずれのテープ類でも問題ない）で軽く仮留めした後、各指間に細く切ったギプス下巻用クッション包帯を通して、圧迫によって皮膚がえぐれるのを予防する。

5

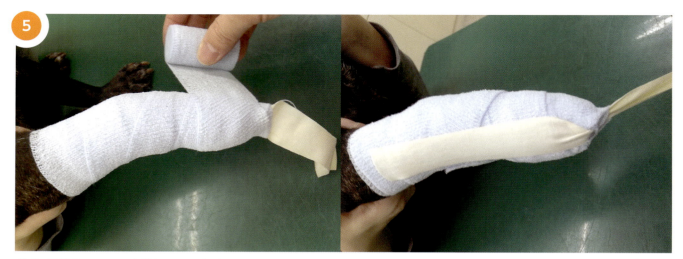

ギプス下巻用クッション包帯を用いて（写真では色分けのため水色の綿包帯を用いている）、螺旋帯で軽くテンションをかけながら[*2]巻き始める。必要に応じて、螺旋帯を2～3周往復する（写真左）。Stirrupはこの時点で折り返しても（写真右）、最後（自着性保護包帯を巻いた後）に折り返しても、どちらでもよい。ギプス下巻用クッション包帯を巻く際は、1周目よりは2周目、3周目と徐々にテンションを加えながら巻くとよい。厚めに巻きたいときは1～2周目はキャストパッドを用い、3周目以降はクラシールで適度にテンションをかけながら巻くと、内部に圧力が加わらずにバンデージがしっかり安定する。

---

*2 ギプス下巻用クッション包帯は伸縮性、粘着性がないため、時間とともにテンションが強まることはない。ゆるく巻くとずれるため、軽くテンションをかけながら巻くのが一般的である。

6

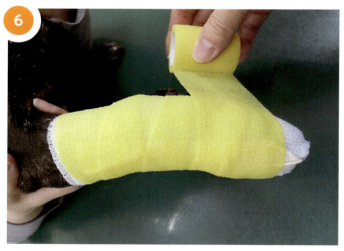

肢端部から自着性保護包帯を螺旋帯で巻き、全体を保護する。自着性保護包帯は引っ張らずに自然なテンションで巻くことが重要である。

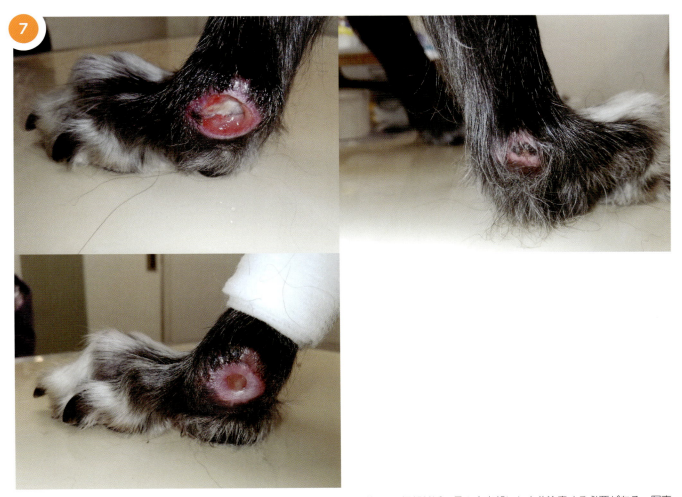

ボルゾイやグレーハウンドなど、とくに骨の凹凸がある体型の犬種では、手根や足根部付近の骨の突出部にも十分注意する必要がある。写真上の2枚は、肢端部のバンデージによる圧迫で生じた中足趾関節（内外両側）の損傷である。このような損傷を防ぐためには、中足趾関節の骨突出部より近位のへこんだ部分にギプス下巻用クッション包帯を巻くことで"段差"をなくし、全体を平坦化させた状態にしてからバンデージを巻くなど、工夫が必要である（写真下）。

肘、踵関節のバンデージ（図4-24～図4-26）

　肘または踵のバンデージでとくに重要となるのは、関節を伸ばした状態で螺旋帯などで関節前後にバンデージをあててはいけない、という点である。犬や猫の肘または踵関節は、肘頭あるいは踵骨が関節の支点の後方へ大きく張り出している（図4-24）。そのため、これを意識せずに"真っ直ぐな1本の棒"としてバンデージを巻きつけると、関節を曲げた際にバンデージ内部で強く継続的な圧迫・擦れが生じる。圧迫部の皮膚が損傷を受け、最悪の場合は内部の骨膜や靭帯が露出することもある（図4-25）。この部位に生じた外傷はきわめて治療が困難となる。

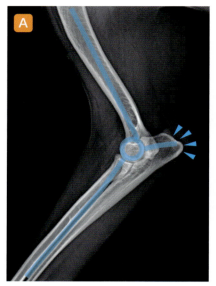
肘のX線画像

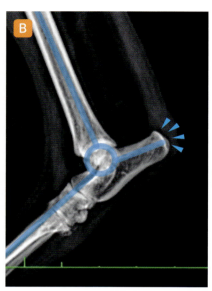
踵のX線画像

図4-24　肘頭および踵骨のX線画像
犬や猫などの骨格では、肘頭や踵骨が関節の後方へ大きく突出しているのが特徴である（▶）。この突出部分が梃子（てこ）の原理における作用点となり、容易に皮膚の損傷を引き起こす。

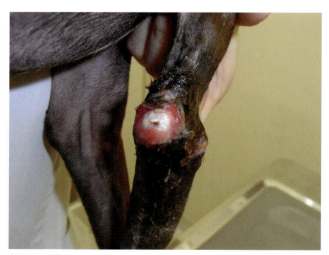

図4-25　ギプス固定によって生じた肘の皮膚損傷
橈尺骨骨折整復後のギプス固定によって生じたイタリアン・グレーハウンドの肘の皮膚損傷である。

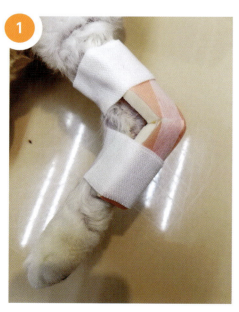

❶ 患部に適切なドレッシング処置を行う。肘頭や踵骨の突出部の損傷を管理する場合は、ポリウレタンフォームなどのクッション性のあるドレッシング材を用いる。関節部のカーブにフィットするように「く」の字型に成型したうえで、ドレッシング材の上下を粘着性伸縮包帯で1～2巻ずつ仮留めする。このとき、絶対に粘着性伸縮包帯を関節の突出部上に巻いてはならない。

2

関節を軽く曲げた状態で*3、関節部を中心にギプス下巻用クッション包帯を用いて、遠心性亀甲帯でバンデージを開始する*4,5（写真左）。3〜5周ほどしたら、近位の部分で環行帯にて1〜2周させる。覆いたい部分が肘より近位（腋窩付近）にまで及ぶ場合は、粘着性伸縮包帯を頸部や体幹部へたすきがけの要領で巻いて固定することも可能である（写真中央）。前述の「肢端部のバンデージ」と同様に、Stirrupを利用してずり落ちを予防することもできる（写真右）。

*3 通常は自然な角度、およそ90〜120度くらいを目安と考えているが、アキレス腱を損傷して飛節を伸展できない症例などでは60度くらいの角度で固定する場合もある。
*4 踵の場合は亀甲帯、アキレス腱損傷の場合は三節帯／三角巻き、肘は症例により（上腕の長さにより）亀甲帯か折転帯で巻く。踵に比べて肘のほうがバンデージがずれ落ちやすいため、Stirrupを併用することが多い。
*5 小型犬では肘〜腋窩の距離がきわめて短く、バンデージを巻く余裕がないことがよくある。このような場合は、無理に肘上にバンデージを巻かずに、前腕近位と頸部で亀甲帯または麦穂帯を施した後、細めの自着性保護包帯などで1〜2周肘上に巻くなどして工夫する。

3

肘・踵の突出部を保護したいときは、非医療材のクッション素材（筆者は衝撃吸収材を使用している）をあててテープで仮留めし（写真左）、自着性保護包帯で全体を保護する（写真右）。関節を屈曲させて、突出部に圧迫が加わらないことをよく確認する*6。

*6 関節を屈曲させた際の圧力が逃げるように隙間をあける。必要に応じて包帯剪刀で切り込みを入れる場合もある。

https://e-lephant.tv/ad/2003577

バンデージ交換の頻度

　創傷管理を目的としたバンデージ交換の頻度は、基本的には創傷の状態に応じたドレッシング交換の頻度に依存する。しかし、冒頭に挙げた理由（動物が自ら不具合を訴えることができない）により、交換の間隔を長期間あけることはあまり望ましくない。またドレッシング管理においては、交換頻度の不足により創面の過湿潤や創周囲の皮膚の浸軟、かぶれなどによる問題が生じるリスクは高いが、頻度が多すぎることによって生じる不都合は基本的にほとんどない（経済面や通院・交換にかかる手間など人的なものは除く）。

　とくにバンデージによる医原性の損傷を生じやすい尾や肢端部、肘および踵など関節部のバンデージは、創傷の状態にかかわらずできるだけ頻回に交換して[※5]、内部の状態を詳細にチェックする必要がある。チェックする際には、患部の創傷だけではなく末梢部分の血行（血色と浮腫または硬化の有無）、指間／趾間や爪があたる部位の皮膚、手根球、関節の屈曲側の皮膚なども注意深く観察する。少しでもトラブルの徴候があればすぐに適切な対策を講じることが大切である。

【参考文献】
1. 寺島裕夫(2010): 基本臨床手技　第17回　包帯法. レジデント, 3(9):126-127.
2. 基本包帯法. In: 包帯固定学(全国柔道整復学校協会　監・編), 改訂第2版, pp.16-20, 南江堂, 2014.

※5 できれば連日、間隔をあける場合でも2〜3日に1回程度は交換すべきである。

第5章

皮膚の縫合

皮膚の縫合

はじめに

「何度縫っても傷が開いてしまう」という症例にたびたび遭遇する。術創離開の原因として、これらの症例の多くでは細菌感染や耐性菌の存在を指摘され、繰り返し薬剤感受性試験を実施して、さまざまな抗菌薬が投与されている場合が非常に多い。しかし、実際には感染が術創離開の原因となっていることはあまりなく、たいていは縫合の手技的な問題によって生じている。

皮膚の縫合において大切なのは、皮膚の構造を理解し、自分が今、皮膚のどの部位から縫合針を刺入し、どのようなルートを通ってどこから出すのか？ということを頭のなかでイメージしながら行うことである。もちろん、手術のたびに顕微鏡を使用する訳ではないため、顕微鏡学的な解剖と実際の運針ルートが完全に一致しない可能性もある。しかし、意識「する」のと「しない」のとでは雲泥の差があると筆者は考えている。

また、最も重要なのは真皮縫合である。真皮を認識しながら確実に真皮縫合を行うことで、術創の美観を整えるだけではなく、術創離開のリスクを格段に減らすことができる。

本章では、皮膚の縫合および減張テクニックなどについて解説する。

皮膚の構造

表皮は、動物の身体の最も外側を覆っている組織である。表皮は1番外側から、角質層・顆粒層・有棘層・基底層の4層からなっている（図5-1）。このなかで細胞分裂能をもっているのは、基底層を形成している基底細胞のみである。基底層は、基底細胞1層からなる細胞シートであり、これにより表皮と真皮を分けている。基底層から新たな皮膚の細胞がつくられ、これが順次、表層へと押し上げられ、やがて古い角質や垢として剥がれ落ちる[※1]。この古い細胞が新しい細胞へと順次に入れ替わる過程を「皮膚のターンオーバー」と呼ぶ[1]。

真皮は表皮の直下にある層であり、通常は表皮よりも厚く、主に結合組織からなる丈夫で弾力性に富んだ組織である。真皮を構成するのは主に線維芽細胞であり、皮膚の組織の基本的な構成要素であるコラーゲンを生成している。そして、真皮の深部には毛包や血管叢などの皮膚付属器の大部分が存在している[1]（図5-2）。

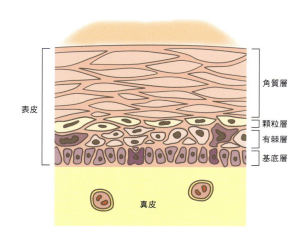

図5-1 表皮の構造
表皮は、外側から角質層、顆粒層、有棘層、基底層の4層で構成されている。基底層で生まれた細胞は徐々に上層へと押し上げられ角質層へと変化し、最終的には古い角質や垢となって剥がれ落ちる。このサイクルを皮膚のターンオーバーと呼ぶ。

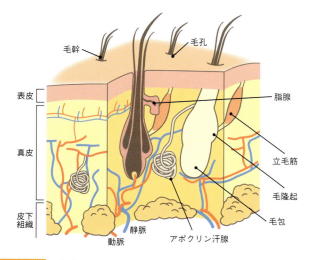

図5-2 皮膚の構造
皮膚は表皮、真皮、皮下組織（皮下脂肪）の3層構造からなっている。真皮は、コラーゲンやエラスチンなどを含み弾力性に富んだ組織で、血管やリンパ管を通じて表皮に栄養を供給する重要な働きをもつ。

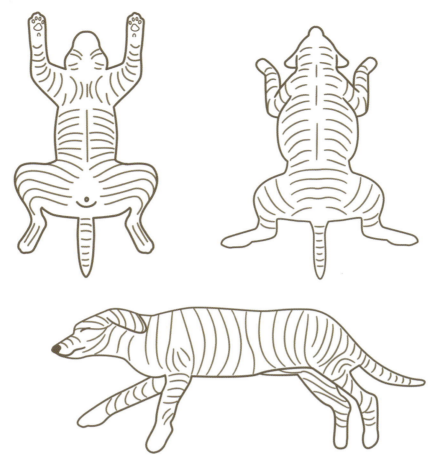

図5-3 動物の体表の張力線（テンションライン）
皮膚にかかる張力の方向を表しているが、これは目安であり、必ずしもこの方向のとおりに切開、縫合しなければならないというわけではない。

　皮膚の縫合において、きわめて重要な役割を果たすのが真皮である。表皮は一見すると硬くて丈夫なようにみえるが、実際にはテンション（皮膚に加わる張力）に弱く、また基底層を除いて原則的には修復されない。そのため、「真皮を落とした状態」で表皮のみを縫合すると、美観を損ねるばかりではなく、縫合強度が保たれず術創離開の原因となる。

皮膚のテンションと張力線

　縫合した術創が離開する要因は複数あるが、最も重要な要因となるのは、創縁にかかるテンションである。皮膚を切開し、またもとのように縫合する場合（腹部正中切開の際の閉創など）は創縁にテンションはかからない。しかし、皮膚が欠損しており、その欠損部が大きければ大きいほど、縫合部の創縁には強いテンションが加わることになり、これに皮膚（および糸［とはいえ糸が強ければよいという訳ではない］）が耐えられなければ術創離開を起こす。また、四肢や尾などの縫合創では、テンションの影響で患部より近位の血行やリンパ行が障害されることで、遠位のうっ血・血行障害を起こす。それにより、最悪の場合、肢端部や尾の壊死・脱落を引き起こすこともある。

　犬では、皮膚の局所解剖にもとづいた張力線（テンションライン）の存在が報告されており[2]（図5-3）、これはおそらく、猫でもほぼ同様であろうと考えられている[※2]。テンションは、図5-3の線の向きに沿ってかかるため、張力線と垂直な縫合線には強いテンションが加わることになる。ただし、体幹部など皮膚に余裕がある部位（またはシャー・ペイなど皮膚がたるん

[※1] つまり"生きている細胞"が基底層であり、角質層は"死んだ細胞の外膜≒鎧"である。

[※2] 犬で報告されている皮膚の張力線は、なぜかトラやシマウマなど体表に縞模様をもつ哺乳類の縞の向きとおよそ同じである。理由は不明である。

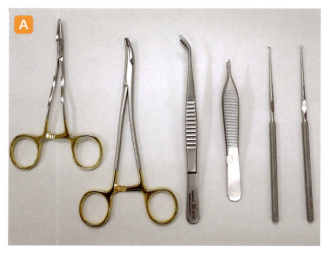

皮膚の縫合に使用される手術器具の例（左から持針器［小］、持針器［中］、ドゥベーキー鑷子、アドソン鑷子［有鉤］、スキンフック2本）

皮膚接合用テープ（ステリテープ）

スキンステープラー

図5-4 皮膚の縫合に使用される器具など

でいる犬種）では、この張力線をあまり気にする必要はない。実際には、術中に皮膚を引っ張ったり伸ばしたりして、最もテンションがかからない方向を症例ごと・手術ごとに検討する必要がある。一方、四肢や尾では皮膚に余裕がない場合が多い。前述のような血行不良によるうっ血や壊死を防ぐため、なるべく張力線と並行に切開・縫合するように心がけることが重要となる。

縫合の手技

縫合器具の使い方

皮膚の縫合に使用する主な器具は、以下のとおりである（図5-4）。

- 持針器
- 鑷子（ドゥベーキー、有鉤アドソン）
- スキンフック
- 皮膚接合用テープ（ステリテープ）
- スキンステープラー

持針器は使い慣れたものを使用して構わないが、筆者は基本的にメイヨー・ヘガールの小型のものを好んで使用している。大きな持針器では、4-0（部位により5-0）の針つき縫合糸の操作には適さず、また大きな器具を使用すると、どうしても縫合が粗くなる傾向があるためである。

真皮縫合については下記で詳述するが、通常は4-0（デリケートな部位[※3]では5-0）モノフィラメント吸収糸を用いて、単純結節縫合でノット（結び目）が深部側にくるように結紮する。皮膚の薄い部位に太い縫合

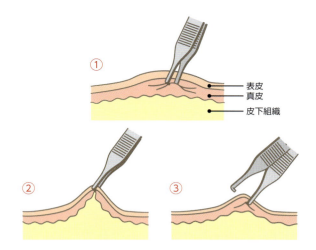

図5-5 真皮縫合の際の鑷子の使い方
①直接真皮を把持し、組織を操作する正しい方法である。
②鑷子の先端部で真皮と表皮を押し潰すようにつかむ誤った方法である。
③有鉤アドソン鑷子などをスキンフックのようにして使用することもある。

糸を使用すると、負重や圧迫によって縫合糸自体やノットの塊で皮膚が損傷する原因となる。縫合の間隔は、テンションがかかる部位の場合、約3〜4 mm程度が目安であるが、テンションがかからない部位の場合、もう少し間隔をあけても構わないだろう（動物の体格［≒皮膚の厚み］などにもよるが5〜6 mm程度。1 cmはあけ過ぎであるが、腹部正中などテンションがほぼかからない部位なら1 cmでも問題ないだろう）。

真皮縫合

皮膚を縫合する際は、助手の手またはスキンフックにて創縁をあわせた状態で真皮から縫合する（後述）。その際に鑷子などで皮膚辺縁を把持してはならない。鑷子などを用いて皮膚辺縁を強く把持すると、組織が挫滅する。とくにフラップの場合などは皮膚辺縁の血行の確保が手術の成否に大きくかかわるため、鑷子を含む鋼製の器具で皮膚を強く把持して牽引するような行為は絶対に行うべきではない（アリス鉗子でフラップを牽引するなどの行為は問題外である）。また、創縁の挫滅・壊死は痂皮の形成につながる。小さな痂皮はあまり気にする必要はないが、痂皮形成の範囲が広いと創の治癒が二次治癒となり、術後の外観に影響する（美観を損ねる見た目になる）。

したがって、ドゥベーキー鑷子または有鉤アドソン鑷子を用いて表皮の裏側に存在する真皮を軽く把持して縫合する。把持して簡単に千切れてしまうのは皮下脂肪であるため、これは縫合しない。創縁下に千切れた脂肪組織が多量に存在すると、壊死した脂肪組織が感染源となり、術後の創感染や離開の原因になる。理想的には、有鉤アドソン鑷子を用いて、スキンフックのようにして、真皮を把持せず"引っかける"ようにして使用するのが好ましい[3]（図5-5）。しかし、テンションのかかった皮膚ではこのような使い方が難しい場合もある。慣れた術者は、鑷子のかわりにスキンフックを使用することもある。

表皮縫合（皮膚縫合）

真皮縫合が適切に終了したら、表皮を縫合する。通常はナイロン縫合糸を用いて、縫合針は逆三角針またはテーパーカットのものを選ぶ。縫合糸のサイズは、縫合する皮膚の厚みや強度によって適切なものを選択すればよい。筆者は、大型犬（ゴールデン・レトリーバー以上）の体幹部の分厚い皮膚では3-0を用いることもあるが、それ以外は原則的に4-0（デリケートな部位[※3]では5-0）ナイロン縫合糸を使用することが多い。

「表皮を縫合する」といっても、通常は表皮と真皮を一緒に縫合する（図5-6）。テンションのかからない小さな切創では真皮縫合をせずに表皮縫合をする場合もあるが、この場合にも「真皮を同時に拾う」ことを十分に意識することが重要である。

表皮縫合は、表皮側から縫合針を入れ、真皮を通過し、反対側の表皮から縫合針を出して結紮するが、刺入側と刺出側で縫合針を通す組織の量や深さが異なると、術創が段違いになる（図5-7）。理想的な術創とは、創縁の断面の各層（真皮どうし、表皮どうし）が互い

※3 猫のReverse saphenous conduit flapの遠位端部のようなフラップ、およびレシピエントサイトの皮膚が薄く脆弱な場合など。

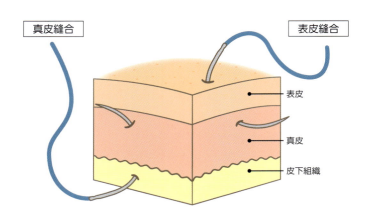

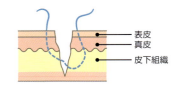

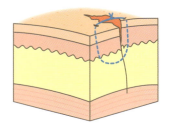

図5-6 表皮縫合と真皮縫合
表皮縫合は、表皮の表面から縫合針を刺入し、真皮まで縫合針を通過させて、表皮と真皮を同時に縫合する。真皮縫合で真皮を拾う際には皮下組織側から縫合針を刺入するが、このとき皮下脂肪を多量に含めるとノットのゆるみの原因となる。また、表皮の基底層を拾わないように注意する。

図5-7 創縁の合わせ方の誤った例
縫合針の刺入側と刺出側で、縫合針を通す組織の量や深さが異なると、術創が段違いになる。

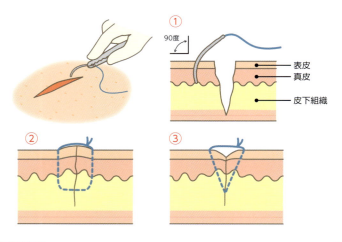

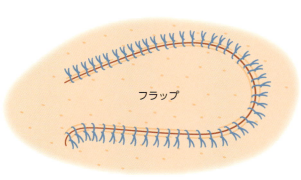

図5-8 正しい創縁の外反テクニック
①皮膚に対して縫合針を90度の角度で刺入させる。
②正しい縫合の形は、バイトが台形か四角形である。
③間違った運針では、創縁が内反し癒合不全や強度の不足を生じる。

図5-9 フラップに対する皮膚縫合のノットの位置
ノットがなるべくフラップの外側(レシピエントサイト側)にくるように気をつける。

にぴったりと合った状態であり、かつ表皮がやや盛り上がって外反した状態を指す[3]。術創を適切に外反させるためには、真皮側のバイト(縫合糸をかける際に取る組織の量のこと。縫合針をかける位置が創縁から離れるほどバイトは大きくなる)を表皮側よりやや大きめに取って縫合針の通過ルートが台形(もしくは四角形)になるように縫合針を刺入・刺出する必要がある[※4](図5-8)。実際にすべての表皮縫合でこのとおりにすることは困難な場合もある。しかし、原則を理解し、なるべくこれに近づけるように意識することはとても重要であると筆者は考える。

ノットの位置

細かいこだわりかもしれないが、筆者はフラップの際の皮膚縫合のノットをフラップ側ではなくレシピエントサイト[※5]側にそろえるようにしている(図5-9)。

※4 教科書的には「皮膚に対して90度に刺入」である。しかし、動物の場合は皮膚が柔らかいため、縫合針を刺入する際に鑷子で軽く皮膚を把持して刺入すると、必然的に表皮側のバイトが大きく、真皮側のバイトが少な

くなる。そのため、筆者はあえて「台形」という言葉を使用した。要点は「真皮側のバイトをやや大きめに取ることを意識する」ということである。

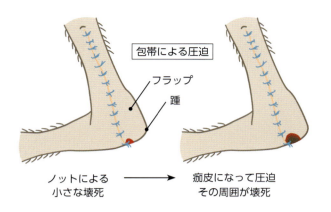

図5-10	縫合ノットによるフラップ辺縁部の壊死①

フラップの遠位端や辺縁部はわずかな圧迫により挫滅、壊死が生じる。壊死して硬い痂皮が生じると、これがさらなる圧迫を引き起こし、壊死の範囲が拡大する。

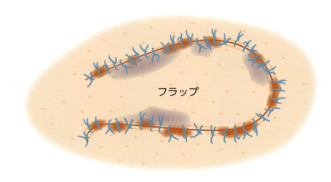

図5-11	縫合ノットによるフラップ辺縁部の壊死②

フラップ辺縁部の挫滅、壊死が広範囲に及ぶと、癒合不全を起こしたり、部分的に二次治癒となったりするため、美観を損ねる可能性が高くなる。

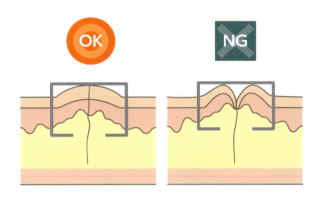

図5-12	スキンステープラーによる正しい皮膚縫合

縫合糸による縫合と同様に、スキンステープラーによる縫合の際も創縁どうしを適切に外反させる。

フラップなどの皮膚縫合の後に術創をバンデージ管理することはあまり多くはないが、ノットがフラップ側にあると、術創をバンデージやポリウレタンフィルムなどで被覆した際に、圧迫の原因となる可能性がある。この圧迫一つひとつは非常にわずかなものかもしれないが、小さな圧迫が小規模の壊死を引き起こすと、そこに痂皮が生じ、これがひと回り大きな圧迫となる（図5-10）。さらにこれが術創に沿って複数カ所で生じると、縫合線に沿って壊死が広がることになるため、癒合不全や美観を損ねる原因になる可能性がある（図5-11）。

スキンステープラーの使用

適切な真皮縫合がなされた創に対して、縫合糸ではなくスキンステープラーを使用することも可能である。

スキンステープラーには通常、レギュラーとワイドの2つのサイズがあるが、動物の体格や皮膚の厚み、部位により使い分ける。筆者は猫や小型犬ではレギュラー、それ以上の体格ではワイドを使用することが多い。スキンステープラーで縫合する際も、縫合糸の場合と同様に、創縁どうしをやや外反させる（図5-12）。フラップ先端部や関節屈曲部など、よりデリケートな扱いが必要な部位では縫合糸を使用するほうがよい。

皮膚接合用テープの使用

皮膚接合用テープ（ステリテープ）は、ヒトのマイナーな外傷治療では頻繁に使用されるが、動物の場合は皮膚にテープの粘着部が貼りつきにくいため、あまり使用する機会はない。しかし、手術のためにスクラブされ、アルコールで清拭された皮膚表面は脱脂され

※5 皮弁（フラップ）や植皮（グラフト）など「皮膚の移動・移設」をともなう手術において、患部に皮膚を「提供する側」の領域をドナーサイト、皮膚を「受け取る側」の領域をレシピエントサイトと呼ぶ。

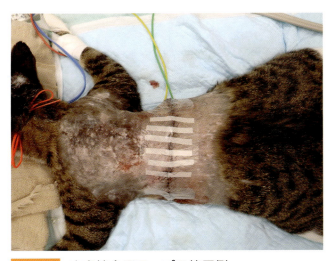

図5-13 皮膚接合用テープの使用例
テンションのかかる縫合創などでは、ステリテープとポリウレタンフィルムを併用することで、テンション軽減に補助的な役割が期待できる。

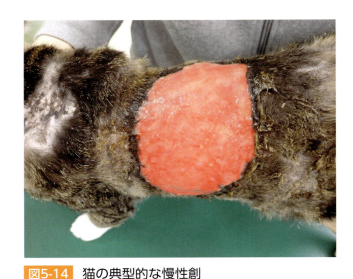

図5-14 猫の典型的な慢性創
慢性創は通常、不活性な不良肉芽組織または炎症性肉芽組織に覆われている。

ているため、ここに皮膜形成剤（Cavilonほか）を塗布することで、一時的ではあるが、皮膚接合用テープを使用することができる。皮膚接合用テープを縫合線に対して直交に貼付し、可能ならその上からポリウレタンフィルムで保護する。これにより、術後数日間の術創保護およびテンション軽減に補助的な役割が期待できる（図5-13）。

創面と創縁の処理

汚染をともなわない新鮮外傷（受傷後6〜12時間以内）を直接縫合して閉じるような場合を除き、ある程度時間が経過した創傷は、肉芽組織で覆われているのが一般的である（図5-14）。適切にドレッシング管理された創面に増殖した健康な肉芽組織をそのまま縫いあわせて閉じる「遷延性一次治癒（三次治癒）」という方法もあるが（第1章「創傷の概要」を参照）、一般的には創縁を新鮮創にして一次治癒で閉鎖するほうが、術後の外観もよく、抜糸までの期間も短縮できる。

創縁を新鮮創にする際には、No.10またはNo.15のメスを使用して、創縁から1〜2 mm外側の皮膚を垂直に全周にわたり鋭利に切除する（図5-15A）。また、創面全体を覆っている肉芽組織は（それが健康な肉芽組織であろうが不良な肉芽組織であろうが）、できる限り除去する必要がある[※6]（図5-15B）。もちろん、ポケット創の場合はポケット内側の創面も除去・掻爬する（図5-16）。非常に広範囲の皮膚欠損創では、中心部の創底部の肉芽組織は疎であったり、筋層と固着してきれいに連続した1枚の組織として剥がすことができなかったりする場合も多い。このような場合は、創縁付近の肉芽組織を極力しっかりと剥がした後に、皮膚キュレット（図5-17）などを使用して創底部を掻爬する。さらに、乾いたガーゼで表面に残る不活性な不良肉芽組織や膿苔をしっかりと拭き取るようにする。

大型犬の術創や比較的大きな陥没創、創底部の筋膜切除により筋線維が露出しているような術創では、術後に高い確率で漿液腫が生じるため、必要に応じてドレーンチューブの設置を検討すべきである（第2章「創傷の管理法」を参照）。

真皮縫合の重要性と助手のポイント

縫合の際に表皮と真皮の境界部を肉眼で認識することは、実際には困難であるが、真皮を認識することは比較的容易なことが多い。したがって、縫合部の創縁が真皮を欠いているかどうかを確認することは可能で

[※6] とくに受傷後時間の経過した慢性創では、創面を覆う肉芽組織は内部に毛幹やその他微細な異物を取り込んで肉芽腫性炎症をともなう「炎症性肉芽組織」となっている。また、その表層は膿苔や不活性な細胞層で覆われているため、これをきちんと除去せずに閉創すると、膿瘍となって創離開する。

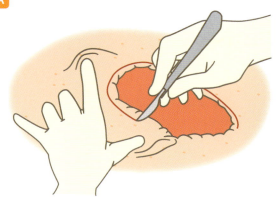 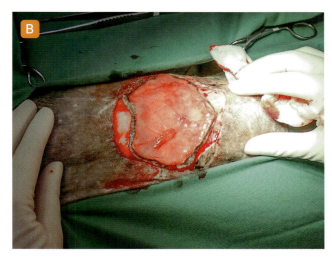

メスは垂直に鉛筆持ちする。反対の手（または助手）で皮膚をピンと張って皮膚がゆるまないようにする。

全周を切開したら、創面を覆う肉芽組織もできるだけ完全に除去する。

図5-15　創縁と創面の処理
創縁の外周1〜2㎜の範囲を全周にわたって鋭利に切開したら、肉芽組織（不良肉芽組織）もできるだけ除去する。

動画でわかる
https://e-lephant.tv/ad/2003579

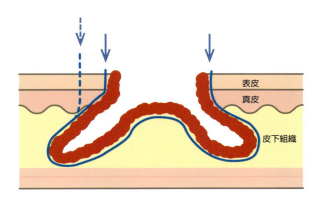 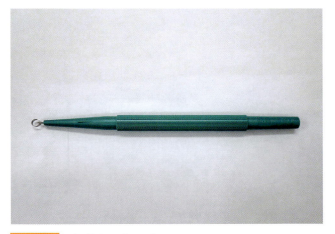

図5-16　ポケット創の処理
ポケット創では、創縁だけでなく創底を含むすべての創面の肉芽組織を掻爬する必要がある。ポケットが表皮下に深く広がっている場合には、真皮がしっかりと視認できる位置まで切開を広げる必要がある（点線）。

図5-17　皮膚キュレット
創底などに固着した肉芽組織を掻爬する際に便利である。

ある。真皮を欠いた状態の皮膚は薄くて弾力がなく、いわゆる「張りのない」外観を呈する（図5-18）。また皮膚を裏返して、スキンフックまたは鑷子で、真皮と思われる弾力のある丈夫な組織を把持しようとしても、これに相当する組織がないため、うまく把持することができない。無理に縫合糸をかけると、表皮の基底層を含む部位に縫合糸をかけることとなり、この部位に"えくぼ状"のへこみが生じる（図5-19）。

真皮は、表皮の裏側に存在する弾力性のある丈夫な組織で、表皮が通常は白っぽくみえるのに対して、真皮は薄赤〜ピンク色を呈していることが多い（図5-20）。

皮下組織（≒皮下脂肪）は鑷子で引っ張ると簡単に千切れ、皮膚縫合に耐え得る強度がまったくないため、真皮とは容易に区別がつく。

慢性創の創縁においては、真皮が分厚い結合組織に置き換わって"真皮様組織"となっていることが多い。病理組織学的な区別はともかくとして、縫合するうえでは、これも含めて「真皮」と捉えて構わないと筆者は考えている。

部位によっては（鼠径部や腋窩など）真皮が非常に薄く、肉眼では確認しにくいこともある。しかし、表

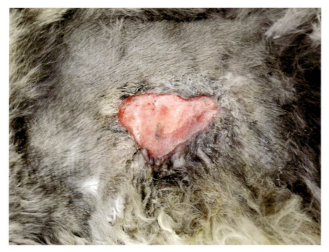

図5-18 真皮を欠いた創縁（猫）
慢性創であるにもかかわらず、創縁下の肉芽組織の増殖が不十分で段差が生じている。創の収縮も乏しく、創縁の皮膚は菲薄にみえる。

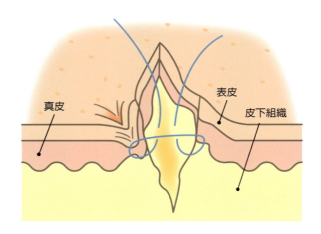

図5-19 誤った真皮縫合の例
真皮縫合のバイトが表皮の基底層にかかると、外観に問題が生じるだけでなく、基底層の細胞が縫合糸に沿って増殖して表皮嚢胞を形成したり、術創離開したりする原因となる場合もある。

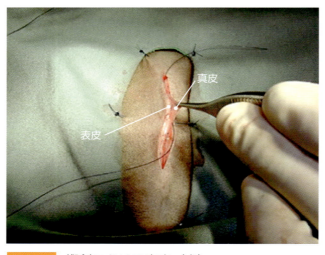

図5-20 術創における真皮（犬）
真皮は、表皮下に存在する薄赤～ピンク色の弾力のあるよく伸びる丈夫な組織として認識できる。

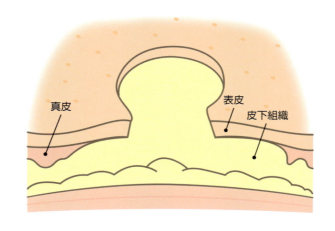

図5-21 真皮が創縁下の奥深くに落ち込んでいる状態の創
この状態を認識していないと、表皮（および皮下組織）を何度縫合しても創は離開する。

皮の裏側を鑷子の先でなぞるように探ると、通常は薄い膜状の真皮がみつかるのが一般的である。背中や腹部などの体幹部では、浅筋膜と一体化した丈夫な真皮を容易に認識できる。いずれにしても、真皮は必ず表皮の裏側に張りつくように存在しており、皮下組織や筋層側に落ちていることはない。しかし時として、前述したように真皮が創縁から離れた皮下の奥のほうに落ちている状態を経験する（図5-21）。このような状況は、筆者の経験では圧倒的に犬よりも猫で遭遇する機会が多い。これは猫の皮膚がよく伸びることと関連があるのかもしれない。原因としては、皮膚欠損を生

じた猫の皮膚を縫合する際に、真皮をきちんと認識せずに表皮のみ（あるいは表皮と皮下組織）を縫合したために、真皮がその張力によって収縮し、真皮欠損部が拡大して生じた結果ではないかと筆者は考えている（この説が正しければ「医原性」ということになる）。このような状況で縫いあわされた表皮は、一時的には弱く癒合するが、時間が経つと（数日～数週間）張力により裂け始める。ふたたび同様に縫ってもまた裂けてしまう。真皮をみつけて適切に縫合しない限り、何度も延々とこれ（縫合→離開→縫合→離開…）を繰り返すことになる。

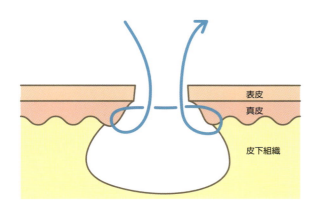

図5-22	真皮縫合の運針
	真皮縫合の運針は、深・浅→浅・深で行うのが原則である。

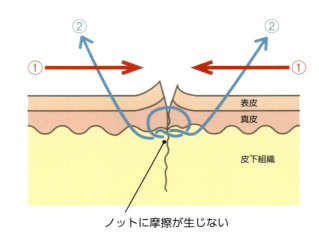

図5-23	真皮縫合とテンション①
	あらかじめ組織どうしを寄せた状態にしておき（①）、縫合糸を結紮する（②）。

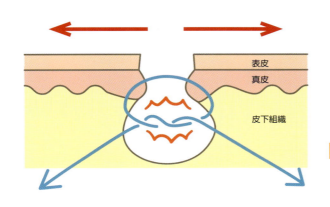

図5-24	真皮縫合とテンション②
	組織どうしは離れようとする（テンション）。ノットに摩擦をかけながら結紮すると、ゆるみの原因となる。

　真皮縫合は、腹部正中切開時の閉創などテンションがかからない部位では連続縫合でも構わない。しかし、皮膚欠損創を閉創する場合はたいてい創縁にテンションがかかるため、単純結節縫合を用いるのが原則である。モノフィラメント吸収糸を用いて、ノットが創の内部にくるように結紮する（図5-22）。通常、結紮方法はスクエア・ノットまたはスリップ・ノットを用いることが多い。ノットが大きくなる外科結びは、基本的には用いない。そもそも「外科結びをしないとゆるんでしまう」というのは、縫合糸を引っ張りながら（摩擦をかけながら）結紮している、ということである。

　テンションのかかる皮膚欠損創に対して真皮縫合を行う際の注意点としては、助手が用手またはスキンフックなどで、創縁どうしをあらかじめしっかりと寄せた状態にして、縫合糸に摩擦が加わらない状態で縫合・結紮を行うことである（図5-23）。開いた創縁の真皮に縫合糸をかけて、縫合糸を引っ張りながら結紮すると、ノットを締める際に縫合糸に摩擦が加わって、ノットがしっかりと締まらない場合がある（図5-24）。ゆるんだ結紮ループは、組織間に間隙を生じる。間隙のあいた組織どうしは癒合しないため、縫合糸の張力が弱まるころに創離開を起こすのが通例である。

　適切に真皮縫合が行われれば、これだけで創縁どうしがぴったりと閉じた状態になるため、前述した方法で表皮を縫合する。表皮縫合は、最終的に創縁どうしをきれいにあわせて外観を整えることが主な目的であり、表皮縫合に"強度"を期待するのは基本的に誤りである。

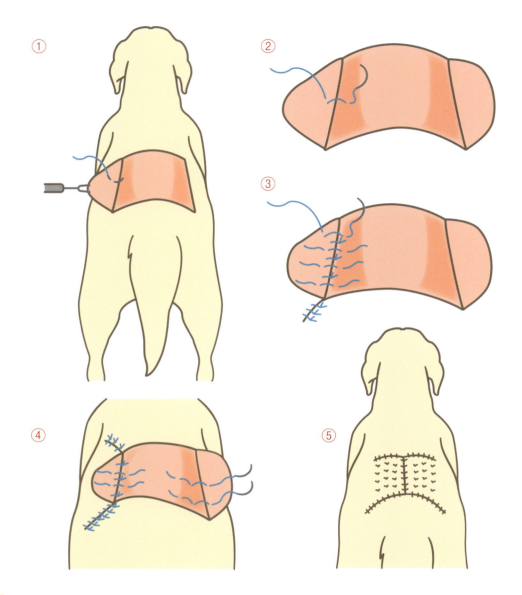

図5-25 Walking sutureの教科書的な解説
この方法はほとんどの専門書に記載されている一般的な減張テクニックの1つであるが、いくつかの問題点がある。

Walking sutureの是非

　Walking sutureとは、縫合部にかかるテンションを軽減するための減張テクニックの1つである。形成外科関連の成書・教科書にはほぼ記載されている、一般的によく知られた方法である。

　まず、伸展させる部位の皮下を慎重かつ十分に剥離し、遠位の真皮～浅筋膜に縫合糸をかける。次に、それよりわずかに中心に近い位置の創底部にある深筋膜～筋外膜（いわゆる筋膜）に縫合糸をかけ、スリップ・ノットで結紮する。これを遠位から中心部に向かって複数回行うことで、中心の縫合部にかかるテンションを軽減させる方法である[4,5]（図5-25）。

　このテクニックの問題点は以下のとおりである。
・フラップに対して使用した場合、フラップの血行を遮断する危険性がある。
・真皮～浅筋膜、深筋膜～筋外膜と異なる組織を結紮するため、癒合が不十分となる可能性がある。
・皮下脂肪が厚い部位では脂肪組織を拾ってしまうため、結紮ループがゆるみやすい。
・表皮に縫合糸を通すと、テンションと血行障害によ

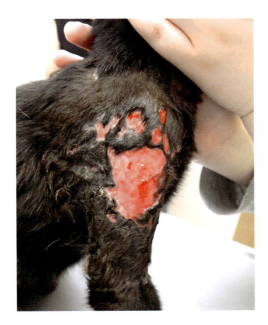

図5-26 Walking sutureによるものと思われる表皮の損傷（猫）
中心部の大きな皮膚欠損の周辺に小さな表皮の穴が複数生じている。おそらく不適切なWalking sutureにより表皮の血行が障害されて生じたものと考えられる。

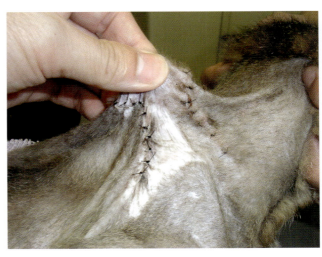

図5-27 適切な真皮縫合が行われた抜糸直前の縫合創（猫）
図5-41-A、Bと同じ症例の抜糸直前の状態である。Walking sutureなどを行っていないため、皮膚の自然な可動性・伸展性が維持されている。

り皮膚に穴があく危険性がある（図5-26）。
・創底部で筋線維にまで深く縫合糸を通すと筋線維が断裂し、やはり結紮ループがゆるむ。
・切れた筋線維の断端から漿液が排出され、漿液腫が生じる。
・ゆるんで外れた縫合糸は、創内で"異物"として内部から創を刺激し、漿液腫を悪化させて創離開となる。

もちろん成書・教科書にも載っている方法であるため、決して「禁忌」という訳ではないが、正確な知識のもとに正確な位置（層）に縫合針を刺入しないと、上記のようなトラブルを引き起こす危険性が高いテクニックといえる。そもそも動物の皮膚は伸展性に優れており、皮下はルーズで可動性があるのが正常な状態である（図5-27）。皮膚と筋層を無理に固着させるWalking sutureという方法は、非常に不自然で非生理的な方法であり、おそらくこれを施された動物も患部に強い違和感をもつのではないかと想像される。このような理由から、筆者はWalking sutureの必要性を感じたことはなく、実際に使用した経験もない。

減張テクニック

Undermineの注意点

本章でもいくつか紹介しているように、縫合部のテンションを軽減させるための減張テクニックにはさまざまな方法がある。しかし、どの方法を選択する場合でも、最も重要なのはUndermine（皮下剥離）を十分に行うことである。

アキシャルパターン・フラップ（テクニックの詳細については他書に譲る）の場合は、フラップの基部から遠位に向かって走行する血管軸があるため、フラップの基部周辺の皮下をあまり広範囲に剥離することができない（無理に剥離すると血管を傷つけたり、血管自体にテンションやよじれが加わって"駆血"された状態になり、皮弁壊死の原因となったりする）。一方で、ランダム・フラップ（テクニックの詳細については他書に譲る）では血管軸をともなわないため、フ

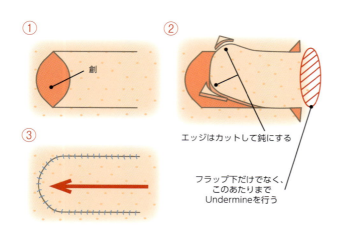

図5-28	伸展皮弁（ランダム・フラップ）の教科書的な解説

皮膚欠損創に隣接した皮膚に長方形（または台形）のフラップを作製し、フラップ下の皮膚を十分にUndermineした後、皮膚欠損部を覆うように伸展させ、真皮→表皮の順番で縫合する。フラップ上の鋭角なエッジは血行不良を生じやすいため、カットして鈍角にする。

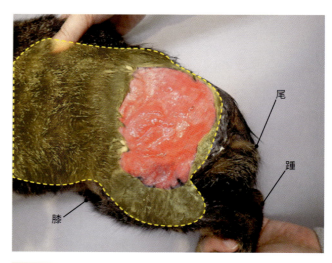

図5-29	Undermineの重要性

いわゆるフラップの形式をとらない場合においても、Undermine（黄点線部で囲まれた範囲）を十分に行うことで、かなり広範囲の皮膚欠損創を覆うことが可能となる。

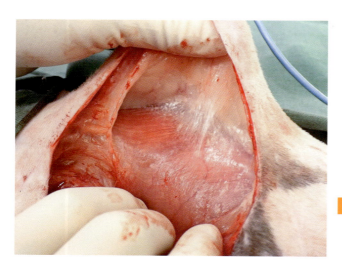

図5-30	皮下組織と筋層の間のFascia

Fasciaは全身を覆っている網目状の結合組織であり、筋肉と皮下脂肪、皮膚などの組織の間隙を隔てると同時にゆるやかに固着させている。

ラップの皮下のみならず、基部からさらに遠位の皮下まで、かなり広範囲に剥離することが可能である（図5-28、5-29）。これにより、フラップの基部を創の中心部に近づけることができるため、縫合部にかかるテンションはかなり軽減される。当然ながら、フラップを使用せずに縫合する場合もUndermineの注意点は同様である。

Undermineを行う際は、フラップかどうかにかかわらず、可能な限り皮下の栄養血管を温存するように注意する。そのためには、できるだけ用手にて鈍性剥離を行うか、メッツェンバウム剪刀などの鋼製器具を使用する場合には、刃先を水平ではなく縦方向に開くようにして、血管を傷つけないように気をつけながら鈍性剥離を行う。体幹部の浅筋膜と深筋膜の間には皮下脂肪が存在し、Fascia[※7]と呼ばれるクモの糸束のような弾性線維状の組織が、これらを比較的ルーズに固着させている（図5-30）。Undermineとは、このFasciaを鈍性に"剥がす"ことである。このときに皮下脂肪を雑に扱うと脂肪壊死を引き起こし、壊死した脂肪組織は感染源となって皮下膿瘍や創離開の原因となり得る。

※7 Fasciaの解剖学的な定義は定まっておらず適切な日本語訳も決まっていない。本書では、本文中にあるように、皮下に存在する弾性線維状の組織を便宜上Fasciaと呼ぶこととする。

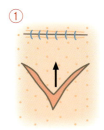 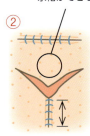 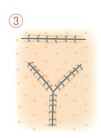
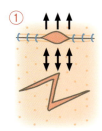  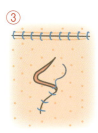

図5-31 V-Yプラスティ
V字に切開し、Y字に縫合する方法である。○の部分に少しだけ余裕が生まれる。

図5-32 Zプラスティ
伸展したい方向に対してZの向きを間違えないように注意すること。

V-Yプラスティ、Zプラスティ、伸展皮弁（U字）、ダブル伸展皮弁（H字）

V-Yプラスティ、Zプラスティは形成外科関連の成書のはじめのほうにほぼ必ず記載されている、非常に基礎的な減張テクニックである[5]。しかし、前述したように動物の皮膚は非常に伸展性に優れているため、実際にこのようなテクニックが必要となる機会は意外と少ない。顔面や肢端部、尾など比較的皮膚の余裕が少ない部位や、皮膚を牽引することで周辺部の機能に影響が及ぶ部位（眼瞼付近や口唇部、包皮や外陰部付近の皮膚など）では、必要となるケースもある。

V-Yプラスティ

V-Yプラスティは、V字に切開した皮膚をY字に縫合するという非常に単純な減張テクニックである（図5-31）。Y字の縦棒の距離だけ皮膚が伸展するが、伸展できる皮膚の領域は非常に限られているため、あまり大幅な減張効果は期待できない。V字を並列に2つ、3つと並べて（VVV-YYY）伸展範囲を広げることも可能である。

Zプラスティ

Zプラスティは、Z字により形成される2つの頂点を互いに入れ替えて縫合する減張テクニックである。まず、減張したい方向に沿ってZの真ん中の線を描き、この線の両端に1本ずつ線を書き足してZ字にする（図5-32）。このとき、Zの頂点となる角の角度が鋭角だと減張幅は小さくなり、鈍角だと大きくなる（伸びる）。

伸展皮弁（U字）、ダブル伸展皮弁（H字）

U字およびH字伸展皮弁は、典型的なランダム・フラップ[※8]の手法である。フラップを真っ直ぐ前方に伸ばすのではなく、側方に伸展させる方法を「転位皮

※8 前述のとおり、主要な血管軸を含むアキシャルパターン・フラップと異なり、ランダム・フラップでは血管軸を含まず、皮下血管叢にその血行を依存している。そのため、フラップ基部の幅が狭かったりフラップの距離が長いと、フラップ先端部の血液供給が不足して皮弁壊死を引き起こすリスクが上昇する。

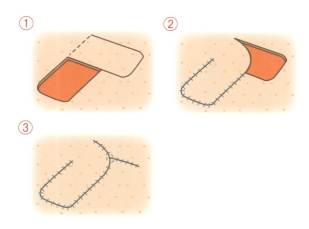

図5-33 転位皮弁（転位フラップ）
伸展皮弁と類似しているが、フラップを真っ直ぐ前方に伸ばすのではなく、側方へ進展させて皮膚欠損部を閉鎖する。

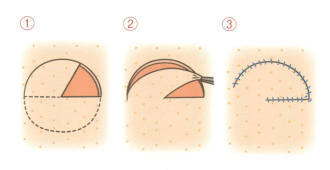

図5-34 回転皮弁（回転フラップ）
三角形の皮膚欠損部に対して、三角の一辺を半径とする円弧を描いてフラップを作製し、回転させるように移動させて皮膚欠損部を覆う。

弁」（図5-33）、またフラップの側面を弧状に切開して回転させる方法を「回転皮弁」などと呼ぶが（図5-34）、基本的なテクニックはほぼ同じである。

図5-28のような皮膚欠損に対して平行線を2本引き、フラップを形成する（図5-28左下）。フラップの幅は創の幅と同等もしくはやや広めにし、長さはフラップを進展させて縫合したときに過度なテンションがかからないくらいとする。また、フラップを前進させたときにフラップ基部に生じるドッグイヤーを防ぐため、三角形の切り込みを入れることが推奨されている場合もある（図5-28右上）。前述のとおり、動物の皮膚はヒトと比較すると非常によく伸びる特徴があり、またフラップ下のみならずフラップ基部の皮下および創縁の皮下をしっかりとUndermineすることで、長大なフラップを作製しなくても十分に閉創できることが多い。ランダム・フラップを長大にすると、先端部が血行不良を起こすリスクが上昇するのは前述のとおりである。したがって、筆者は可能な範囲でなるべく短いフラップを作製し、さらにフラップ基部を先端部よりも幅広くとるようにしている。フラップ先端に鋭角なエッジが生じる場合は、この部位をトリミングして鈍角〜丸く形成する（鋭角なエッジは血行不良を起こしやすい）。また、ドッグイヤー対策のための三角形の切り込みも必要ないことが多い（図5-35）。動物では、小さなドッグイヤーは術後に被毛が伸びて、皮膚がなじんでくるころにはあまり気にならない程度に平坦化していることが多い。

皮膚欠損創に対して図5-28のようにフラップを作製したら、フラップ下と可能ならフラップ基部をUndermineする。その際、筋層などから流入する血管を傷つけないよう、十分注意しながら鈍性剥離を進める。また、剥がした皮膚の裏側をよく観察し（反対側からライトをあてると皮膚が透けて血管がよく見える）、隣接部から流入する血管がある場合には、それらの血管をなるべく切断しないように、フラップ側に取り込むようにフラップの形状を可能な範囲で変更する場合もある（図5-36）。

十分にUndermineしたらスキンフックなどを使用してフラップを伸展させ、まず遠位の両角2カ所の真皮を単純結節縫合し、ここを起点として残る3辺をそれぞれ縫合する。

皮膚欠損部を中心に両側2カ所に伸展皮弁（U字）を作製し、伸展させて閉創する方法がダブル伸展皮弁（H字）である。フラップを2つに分けることで「1つの長大なフラップ」を作製する必要がなく、フラップにかかるテンションや皮弁壊死のリスクを軽減するこ

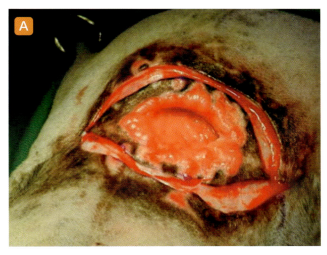
創縁を全周にわたって切開する。

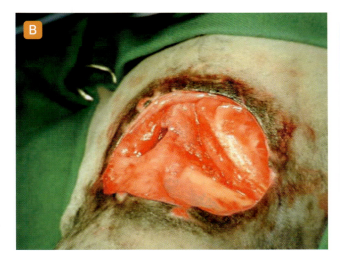
創縁およびポケット内部の不良肉芽組織を完全に除去する。

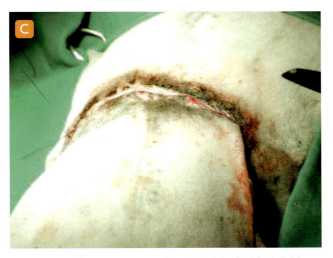
台形（フラップ基部を広めにとる）の伸展皮弁（U字）を作製し、真皮縫合を行って創面を閉鎖する。

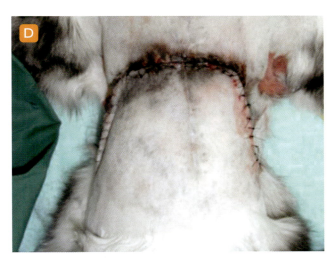
次いで表皮縫合（皮膚縫合）を行う。フラップ基部のドッグイヤーはほとんど問題にならない。

図5-35 猫の背中に生じた慢性ポケット創に対する伸展皮弁（U字）

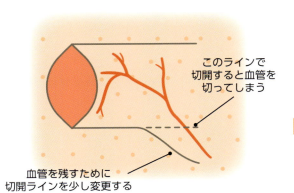

図5-36 ランダム・フラップの血管温存
伸展皮弁などのランダム・フラップであっても血管の流入はなるべく温存すべきであり、そのためにフラップの形状をやや変更してもよい。

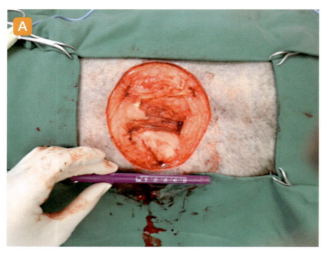
ビーグルの背中に生じた軟部組織肉腫を切除したところ、直径10cmほどの欠損が生じた。

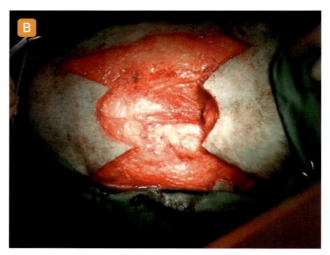
皮膚欠損創の頭側（左）と尾側（右）にそれぞれ2本ずつ切開線を入れて、2つの伸展皮弁を作製した。

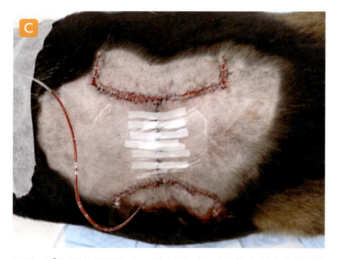
フラップを寄せて縫合した。最もテンションがかかる中心部の縫合創は、皮膚接合用テープとポリウレタンフィルムで補強した。

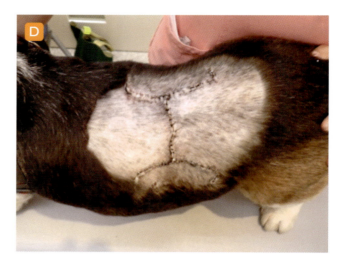
抜糸直前の様子である。挫滅や離開は生じていない。

図5-37 ダブル伸展皮弁（H字）の例（犬）

とができる（図5-37）。手技的にはシングルの伸展皮弁（U字）と同様であるが、最初に縫合糸をかける部位がレシピエントサイトではなく両フラップの遠位端どうしとなるため、フラップをスキンフック（または用手）で十分に寄せて真皮、表皮の順で縫合する（図5-38）。

減張切開

減張切開は、縫合部の周辺の皮膚に切り込みを入れて、縫合部にかかるテンションをリリースする方法である[5]。複数の小さなメッシュ状の切り込みをつくって皮膚を伸展させる方法（図5-39）、縫合線の隣接部に1、2本の切開線をつくって、もとの欠損部を閉鎖した後にこれらの切開部をふたたび縫合する方法がある（図5-40）（ほかに、Tissue expander［組織を拡張する器具］を使用してあらかじめ皮膚を伸ばしておく方法などもあるが、比較的特殊な方法であるため、詳細は他書に譲る）。

メッシュ状に入れた切り込み部分は、縫合せずに開放創として維持し、二次治癒させるため、術後のドレッシング管理が必要となる。この方法は、外観の問題や術後に動物に与える苦痛などのデメリットが多い

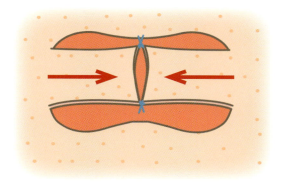

図5-38 ダブル伸展皮弁（H字）
スキンフックまたは用手で組織を十分に寄せて、H字の真ん中の線の部分から縫合する。

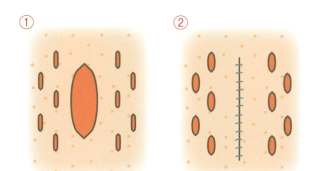

図5-39 メッシュ状減張切開
体幹部や四肢の腫瘍切除後などによく使用されている方法であるが、外観が悪くなることと、症例に対する負担が大きいこと（疼痛や長期のドレッシング管理など）が欠点である。

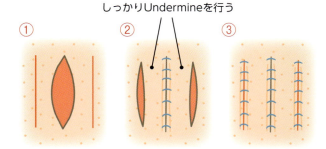

図5-40 減張切開
縫合部にかかるテンションを分け合うことで、1カ所にかかるテンションを軽減できる。皮膚の伸展性が乏しい部位などで時折使用される。

ため、筆者はほとんど使用したことがない。一方で、四肢などにおいてマージン確保が不確実な悪性腫瘍切除後の創閉鎖などでは、フラップを使用すると人為的な転移・播種のリスクが上昇するため、このような方法も選択肢の1つとなり得る。

　後者の方法は、「切ってまたもとのように縫う」のではあまり意味がないのでは？　と思われるかもしれない。しかし、「1つの大きな欠損創を2つ、3つの縫合創で分け合って閉じる」ことにより、創にかかるテンションも2、3分割されることになるため、術創離開のリスクを軽減することができる場合もある（図5-41）。覚えておいて損はない手法である。

【参考文献】
1. 関口麻衣子(2019): 皮膚の正常構造・機能. In: 伴侶動物の皮膚科・耳科診療(村山信雄 監), pp.18-25, 緑書房.
2. Pavletic, M. M.(2018): 9 Tension-Relieveing Techniques. In: Atlas of Small Animal Wound Management and Recostructive Surgery(Pavletic, M. M. ed.), 4th ed, pp. 282-283, Wiley-Blackwell.
3. Trott, A. T.(2019): 基本的な創処理の方法. In: ERでの創処置 縫合・治療のスタンダード, 岡正二郎 監訳, pp. 126-138, 洋土社.
4. Pavletic, M. M.(2018): 9 Tension-Relieveing Techniques. In: Atlas of Small Animal Wound Management and Recostructive Surgery(Pavletic, M. M. ed.), 4th ed, pp.306-309, Wiley-Blackwell.
5. Kirpensteijn, J., Haar, G. T.(2013): General reconstructive techniques. In: Reconstructive Surgery and Wound Management of the Dog and Cat, pp.49-76, CRC Press.

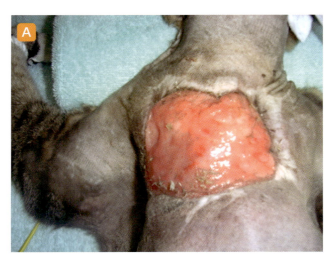

猫の肩甲部にできた大きな皮膚欠損をともなう慢性創である。

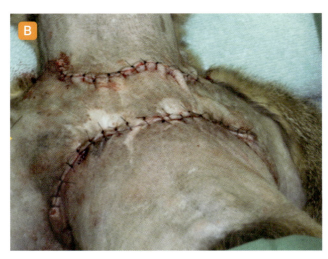

Aと同一症例。頭側の皮膚を切開し、Undermineを行い作製した双茎フラップを尾側にスライドさせて患部を閉鎖した後に、切開部を縫合閉鎖した。

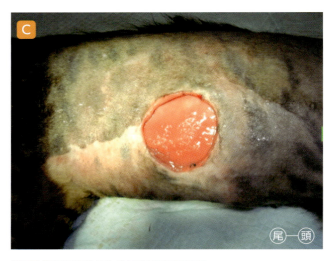

猫の乳腺切除術後に生じた術創離開である。

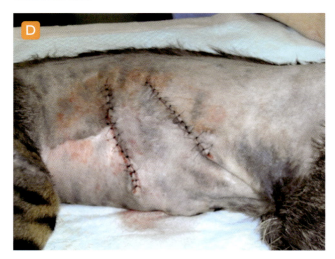

Cと同一症例。頭側の皮膚を切開し、双茎フラップを作製して欠損部を閉鎖した後に、切開部を縫合閉鎖した。

図5-41 減張切開の例

単純に寄せて縫合すると過剰なテンションがかかってしまう場合でも、いったん双茎フラップ（Column2参照）を作製して2カ所で縫合すると、テンションを"2つの創で分け合う"ことができる。

Column 1　フラップ（皮弁）とグラフト（植皮）の違いは？

「皮膚移植」という言葉があるが、これは医学的な用語ではなく、フラップ（皮弁）[※9]およびグラフト（植皮）の両者に対して使用されることがある。しかし、フラップとグラフトは基本的に全く異なる手技である。

フラップは、ドナーサイトと移植片が連続した血行でつながった状態のものを指す（例外：遊離皮弁といういったん切り離してから血管吻合でつなぐ手法もある）。Direct cutaneous arteryと呼ばれる筋層の穿通枝から皮膚に向かって伸びる血管軸をフラップに内包し、比較的豊富な血液供給を受けるフラップをアキシャルパターン・フラップ、また主要な血管軸を含まず皮下の血管叢にのみ血行を依存するタイプのフラップをランダム・フラップと呼んで区別する。

一方グラフトとは、ドナーサイトから移植片を完全に分離した状態で切り出し、レシピエントサイトへ（文字通り）移植する手法である。移植する移植片の形状によりメッシュ・グラフト、ピンチ・グラフト、パンチ・グラフトなどの種類がある。レシピエントサイトの創面は健康な肉芽組織に覆われている必要がある（図C1-1）。

フラップとグラフトの大きな違いは、移植片への血液供給の方式である（図C1-2）。フラップの場合は、前述のとおりドナーサイトから直接連続した血管走行により血液供給を受ける。そのため、創底部からの血液供給は基本的に不要であり（肉芽組織は取り除くのが基本）、移植片（フラップ）と創底部を圧迫などにより密着させる必要もなく（過度な圧迫は血行障害による皮弁壊死のリスクを上昇させる）、動物ではむしろルーズに自然な可動性を残すほうが好ましい。

これに対して、グラフトの移植片は血液の供給を受けないため、移植後、数日間はレシピエントサイトの肉芽組織（移植床）から滲み出る滲出液から栄養供給を受けることになる。移植後10日～2週間ほど経過すると、移植床から毛細血管が移植片に侵入してくる（正着）。したがって、移植片と移植床は確実に密着している必要がある。不適切なバンデージ管理や漿液貯留などにより、移植片が移植床から浮いたりずれたりすると血行が絶たれるため、移植片は正着しないことになる（図C1-3）。

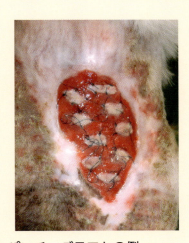

図C1-1　パンチ・グラフトの例
猫の胸部腹側面に生じた皮膚欠損創に対してパンチ・グラフトを行ったところ（第6章「症例⑫猫の両側乳腺切除後の術創離開」を参照）。

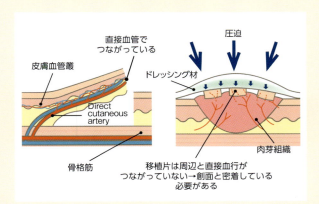

図C1-2　フラップ（左）とグラフト（右）の血液供給の違い
フラップは、ドナーサイトから連続した血管走行によって直接血液供給を受ける。一方グラフトは、移植直後の移植床との直接的な血行の連続性がない。

図C1-3　グラフトの失敗例
グラフトが浮いたりずれたりすると、つながった毛細血管が切れる。すると、グラフトが壊死して脱落する。

※9 Flapの日本語訳が皮弁であるため、本書では「フラップ」と「皮弁」を特に区別することなく同義語として使用している。しかし厳密には、Flapは「弁状」のかたちをしたものであれば皮膚、皮下組織、脂肪、筋肉、大網などすべてのものを含む。つまり、「皮弁」はFlapに含まれる一形態ということになる。

Column 2　遠隔皮弁を失敗しないためのポイント

　遠隔皮弁（Distant flap）とは、四肢（通常は前肢）遠位の皮膚欠損に対する形成外科テクニックである。体幹部側面の皮膚をフラップ状に切開し、肢端の皮膚欠損創と縫いあわせ、10日〜2週間ほど経過したらフラップを切り離して皮膚欠損部を完全閉鎖する方法である（図C2-1）。フラップの作製の仕方は単茎（Single pedicle）と双茎（Double pedicle）の2とおりの方法があるが（図C2-2）、前腕の皮膚欠損が全周に及ぶ場合は双茎のほうを選択する。

　遠隔皮弁がうまくいかない場合に考えられる原因の1つはバンデージ管理である。1回目の手術後からフラップ切り離しまでの期間は、患肢を体幹にしっかりとくっつけた状態で動かさないようにバンデージで固定する必要がある（図C2-3）。猫や小型犬ではそれほど難しくないが、大型犬などで活動的な性格の場合は、かなりしっかりとバンデージを固定しないと、患肢が動いたりバンデージが外れて縫合部が破綻する危険性がある。とくに肩関節が前方に抜けないように注意する。

　もう1つの原因は、2度目の手術の際のフラップ切り離しの切開ラインの決定である。覆う予定の皮膚欠損部が比較的広い場合、1回目のフラップ作製ラインに対して図C2-4aのような切開ラインを設定することになる。しかし、切開ラインがドナーサイト側へ大幅に侵入すると、切断後に血行不良による皮弁壊死のリスクが高くなる（正着部の血行は、組織への多量な血液供給をまかなうには不十分である）。しかし、図C2-4bの切開ラインで切ると、皮膚欠損部全体を覆うための皮膚が不足する。したがって、最初にフラップを作製する際、皮膚欠損部全体を覆うことができるフラップの大きさをあらかじめ想定して十分な大きさの切開を入れたうえで、1回目の縫合を行う。2週間後に図C2-4cのラインで切り離しを行うと、皮弁壊死のリスクを低く抑えることができる。

図C2-1　遠隔皮弁の例
猫の右前腕遠位に生じた皮膚欠損創に対して遠隔皮弁を行ったところ。

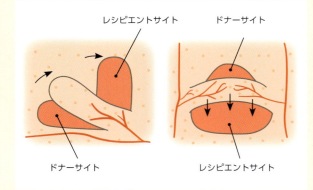

図C2-2　単茎フラップおよび双茎フラップ
左図：単茎フラップを示す。片側のみから血管が流入するため、フラップ先端部の血行が乏しくなりやすい。
右図：双茎フラップを示す。双方から血管が流入するため、血行不良が起きにくい。

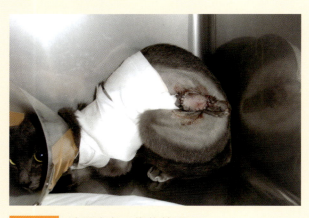

図C2-3　遠隔皮弁の術後管理
バンデージにて患肢をしっかりと体幹に固定する必要がある。

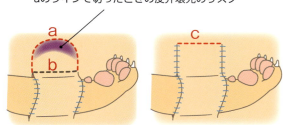

図C2-4　遠隔皮弁を切り離す際の切開ライン
体幹側の切開ラインをaのようにすると、皮弁壊死のリスクが高くなる。最もリスクが低いのがbのラインであるが、皮膚が足りない場合にはcのようにするか、上下2カ所にフラップを作製するなどの工夫が必要となる。

第6章

症例で理解する創傷管理

症例で理解する創傷管理

はじめに

本章では、筆者が実際に診療し治療を行った症例を紹介する。いわゆる一般的な"症例報告"の形式ではなく、筆者が各症例を前にしてどのように判断し、治療プランを立てたのか、インフォームドコンセント（以下、IC［Informed consent］）のポイント、実際の治療内容と経過について、「問題点」、「ICと治療プラン」、「処置／手術内容と術後経過」に分けて解説した。

また、症例ごとの筆者の所感や考察を「追記」として記載した。

本書は形成外科テクニックの専門的な詳細解説を目的としていないため、各アキシャルパターン・フラップや植皮（グラフト）などの各論的な詳細については、獣医形成外科関連の専門書を参考にされたい。

症例①　猫の頸部外傷

保護猫のため年齢不明、未去勢雄、日本猫（雑種）。おそらく猫どうしの喧嘩と思われる、左頬部～頸部側面にかけての外傷が認められた。自傷（後肢で掻くなど）により悪化・拡大して広範囲の皮膚欠損となった状態のところを保護された（図6-1-A）。

問題点

保護猫のためヒトにまったく慣れておらず、定期的な来院はほぼ不可能である。ドレッシング交換のたびに鎮静による不動化が必要であり、自宅でのドレッシング交換も不可能である。

ICと治療プラン

猫の慢性創は、そもそも保存的管理による二次治癒が望めないケースが多い。本症例は頻繁な通院やドレッシング交換が困難であり、手術により短期的に治癒させるのがベストな方法であると判断される。入院期間も最小限（1泊程度）とする。

手術は浅頸アキシャルパターン・フラップ[※1]、伸展皮弁（U字）、またはUndermineしたうえで単純に皮膚を寄せて閉鎖することなどが選択される。本症例は、覚醒状態ではほぼ触ることができないため、実際には全身麻酔をかけた後に、手術を進めながらその場で判断することとなる。

手術内容と術後経過

創縁と不良肉芽組織を除去し（図6-1-B）、尾側創縁下（体幹側）の皮膚を十分にUndermineしたところ、無理なく創縁どうしを寄せることが可能であった。そのため、スキンフックを用いて創縁をあわせて（図6-1-C）、4-0モノフィラメント吸収糸で単純結節縫合にて真皮を縫合した後、4-0ナイロン縫合糸で皮膚を単純結節縫合にて閉鎖した（図6-1-D）。

術後はガーゼ、ギプス下巻用クッション包帯および自着性保護包帯を用いて術創を保護し、カラーを装着した状態で手術翌日に退院とした。自宅での管理はなしとし（カラーを外す、術創を引っ掻くなどのアクシデントがあればすぐに来院を指示）、約10日後に鎮静下にて抜糸することとした。また、術後の抗菌薬投与も困難が予想されたため、術中にセフォベシンナトリウムを皮下投与した。

追記

頭部側面（頬部）の外傷は、屋外で生活する雄の猫で頻繁にみられるものの1つである。また詳細な理由は不明であるが、猫の慢性創は難治性となりやすく、二次治癒が望めないケースが多い（第1章「創傷の概要」を参照）。創面の不良肉芽組織をできるだけ完全に除去し、創縁をメスでシャープにカットして新鮮な皮膚断面を露出させることが重要である。真皮縫合が終了した時点で、創縁の皮膚はピッタリと閉鎖された状態になるのが理想である。創縁どうしが軽く外反するように皮膚を縫合する（第5章「皮膚の縫合」を参照）。

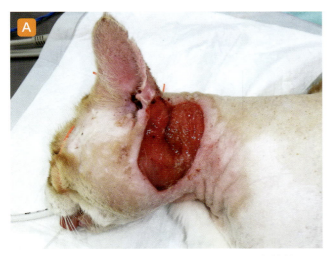
猫どうしのケンカに起因すると思われる左頬部〜頸部の慢性創である。

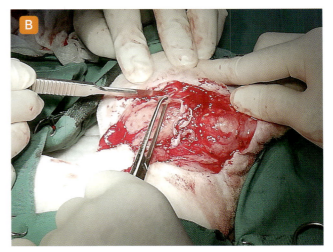
創縁の皮膚および慢性化した不良肉芽組織を確実に除去する。

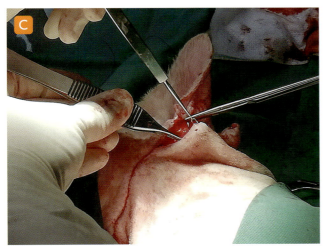
皮下を十分にUndermineした後、スキンフックを用いて創縁を寄せ、真皮を縫合する。

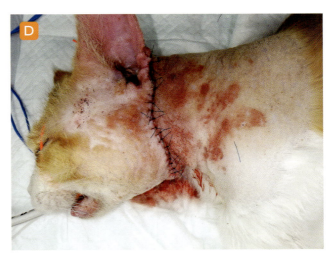
最後に4-0ナイロン縫合糸で皮膚を縫合した。

図6-1 猫の頸部外傷

※1 浅頸動静脈を利用したアキシャルパターン・フラップである。浅頸動静脈は、浅頸リンパ節の位置で起始し、深部組織から皮下に出て、肩前の陥凹部を肩甲骨に沿って背側に伸びている。そのため、顔面や頭頸部、肩、腋窩などの皮膚欠損に対して利用できる。

症例②　犬の術創離開

7歳齢、避妊雌、フレンチ・ブルドッグ。約1週間前、前医にて左腰部背側に生じた良性の皮下腫瘤を切除・縫合したが、術創が開いてしまった（図6-2-A）。

問題点

創縁の組織の挫滅が激しく、創縁どうしの皮膚が並列していない（段違い）。縫合に使用された糸が残存しているが（おそらく3-0非吸収糸？）、真皮縫合がなされた痕跡はない。テンションによって創縁どうしが離開するのにともなって、縫合糸周辺の皮膚に挫滅・切断が生じている。

ICと治療プラン

離開した術創に残る縫合糸は、創にとって異物であるばかりでなく、組織の血行不良や切断などの損傷を助長するため、原則的にすべて取り除く（図6-2-B）。ドレッシング管理にて二次治癒させる選択肢もあるが、治癒までに時間がかかる点と、瘢痕化による外観の問題が生じる可能性が高い。本症例はまだ若く健康な犬であり、受傷部位も腰部背側の目立つ部位であるため、できるだけ外観を温存した状態での治療プランが望ましい。したがって、新鮮創にして一次治癒による閉鎖が望ましいと判断した。

手術内容と術後経過

縫合糸による挫滅・損傷部位を含めて創縁を1周切除して新鮮創とした（図6-2-C、6-2-D）。創縁下の皮膚を指先で鈍性にUndermineを行い、創縁どうしが無理なく寄せられることを確認した後、スキンフックで創縁を寄せて真皮を単純結節縫合にて閉鎖した。最後に、皮膚を4-0ナイロン縫合糸にて単純結節縫合で閉鎖した（図6-2-E）。術後は自宅で術後衣を着せるなどして物理的に保護し、約10日後に抜糸とした。

追　記

体表に生じた小さな腫瘤やイボの類は、局所麻酔などで小さく切開してそのまま簡易的に縫合して閉じることも多いと思われる。その際に真皮縫合を省略すると、術創の強度が保たれずに離開することがある。猫の皮膚のように伸展性が"良すぎる"ために真皮を縫い落としてしまうケースとは異なり（第5章「皮膚の縫合」を参照）、フレンチ・ブルドッグや大型犬など皮膚の厚い犬種では、皮膚をしっかりと縫っている"つもり"でも、バイトが真皮にかかっていないことが多いのではないかと想像する（図6-2-F）。例外的に真皮縫合を省略して直接皮膚縫合を行う場合でも、縫合針のバイトに真皮が含まれていること、創縁の断面を段差なくあわせることを意識することで、術創離開のリスクを減らすことが可能である。

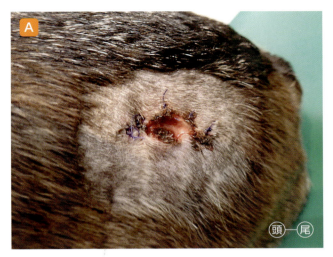
皮下腫瘤切除後の縫合創の離開である。

残存していた縫合糸を除去した。

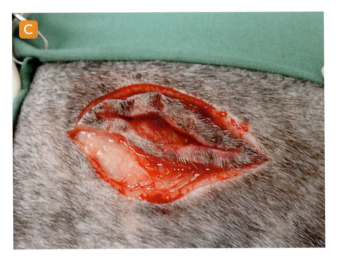
創縁を切除した。

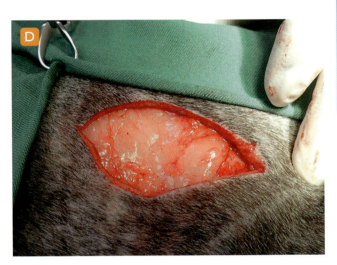
できる限り健康な部分の皮膚で新鮮創をつくる。

真皮縫合の後、皮膚縫合を行った。

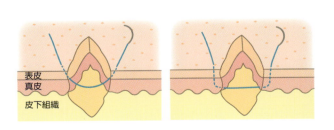
左図は真皮にバイトがかかってない（バイトの軌道が丸い）
右図は真皮にバイトがかかっている（バイトの軌道が四角／台形）

図6-2 犬の術創離開

症例③　猫の広範囲皮膚欠損創の3例

　1つ目の症例（症例1）は左腰部～大腿部にかけての広範囲皮膚欠損（図6-3-A）、2つ目の症例（症例2）は背中の中央部に生じた広範囲皮膚欠損（図6-3-B）、3つ目の症例（症例3）は背中から腰部および肛門周囲の臀部までを含めた著しい広範囲皮膚欠損（図6-3-C）である。これらの猫はいずれも外傷を負った状態で保護された、年齢および既往などの詳細が不明の日本猫（雑種）である。いずれもかかりつけの動物病院にてドレッシング管理や抗菌薬投与などの加療を受けていたが、改善がみられないため紹介転院となった。

問題点

　皮膚欠損がきわめて広範囲に及んでいる。既存のアキシャルパターン・フラップを使用した閉鎖がやや困難な部位である。

ICと治療プラン

　アキシャルパターン・フラップの使用（症例1では深腸骨回旋アキシャルパターン・フラップ[2]、浅尾側腹壁アキシャルパターン・フラップ[3]、テール・フラップ[4]、症例2では胸背アキシャルパターン・フラップ[5]など）を検討しつつ、実際には麻酔下で皮膚の可動性などを確認しながら検討することになる。広大な皮膚欠損の場合は手術が複数回に及ぶ可能性や、フラップなどで覆いきれない部位に関してはグラフトなどのテクニックを併用する可能性があることを飼い主に説明する必要がある。

手術内容と術後経過

　いずれの症例でも創縁の切除と創面の不良肉芽組織の除去を行う（図6-3-D～F）。皮下を走行する血管に気をつけながら鈍性にUndermineを行う（図6-3-G、6-3-H）。十分にUndermineを行った後、皮膚を手で引っ張りながら創縁が寄るかどうかをよく確認する。とくに四肢などの可動部位は、関節を伸展／屈曲させて創縁にかかるテンションの変化を確認する。3症例ともに、フラップを使用せずとも閉鎖可能と判断し、4-0モノフィラメント吸収糸を用いて単純結節縫合にて真皮縫合した（図6-3-I）。次いで、皮膚を4-0ナイロン縫合糸による単純結節縫合またはスキンステープラーにて閉鎖した（図6-3-J～M）。縫合部にかかるテ

ンションを軽減する目的で、皮膚接合用テープ（ステリテープ）を使用することもある（図6-3-N、6-3-O）。多くの場合バンデージ管理は不要であるが、カラーをしても後肢などで引っ掻く可能性がある場合は、バンデージまたは術後衣で保護する必要がある（図6-3-P）。10～14日程度で抜糸となるが（図6-3-Q、6-3-R）、仮にこの時点で創離開している場合でも、縫合糸を残しておく意義はないため取り除く。3つ目の症例では坐骨にあたる縫合部が一部血行不良により壊死・離開したが、範囲が狭かったためそのまま二次治癒とした。また、外傷による肛門括約筋の損傷（欠損）により直腸脱となったため（図6-3-S）、全身麻酔下で開腹により直腸固定術を行った（図6-3-T）。3症例ともに抗菌薬の投与を適宜実施した。また、フェンタニルの持続静脈内投与による疼痛管理を翌日まで実施した。

追記

　このような症例は、かかりつけ医にて全身麻酔下での縫合処置をすでに1～複数回受けている場合が多く、縫合と離開を繰り返すうちに徐々に欠損が拡大していることが多い。そのため、飼い主は「手術による創閉鎖」に懐疑的になっており、「できることなら手術以外の方法で治してほしい」との希望を訴えることも多い。したがって、しばらくの間はドレッシングによる保存的管理を行うが、この間に過去の症例写真などを用いながら以下のことを説明する。

①ドレッシング管理による二次治癒にはかなりの期間（数カ月～年単位）を要すること

②急性創と比較して慢性創（とくに猫の慢性創）は難治性になるケースが多いこと

③全身麻酔が可能な状態なら、フラップやグラフトなどいくつかのテクニックを組み合わせることで、かなり広範囲の皮膚欠損でも最終的には閉鎖が見込める場合が多いこと

　飼い主の同意が得られた時点で手術実施となるケースが多い。十分なUndermineによるテンションの軽減と適切な真皮縫合が行われれば、Walking sutureなどの減張テクニックは不要となるため、動物特有の皮膚の伸展性や可動性を保つことができる（図6-3-U）。また、広範囲の皮膚欠損閉鎖の術後は疼痛管理を適切に行う必要がある。

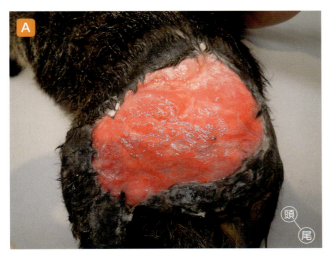
症例1:左腰部〜大腿部にかけての広範囲皮膚欠損創である。

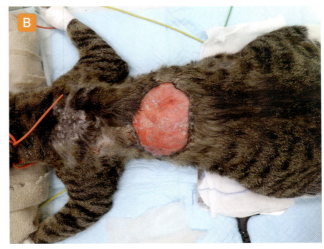
症例2:背中の中央部に生じた広範囲皮膚欠損創である。

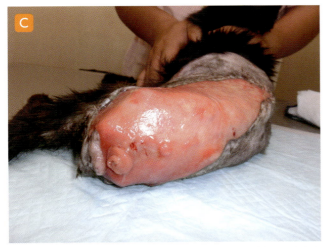
症例3:背中から腰部および肛門周囲の臀部にまで及ぶ広範囲皮膚欠損創である。

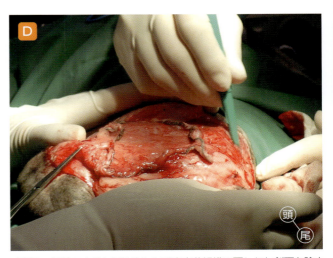
症例1:創縁の皮膚と慢性化した不良肉芽組織に覆われた創面を除去する。

図6-3 猫の広範囲皮膚欠損創の3例

(次ページへつづく)

※2 腸骨翼の前腹側に起始する深腸骨回旋動静脈を利用したアキシャルパターン・フラップで、背側に伸びる背側枝と腹側に伸びる腹側枝とがある。

※3 鼠径部から乳腺に沿って頭側へ伸びる動静脈を利用したアキシャルパターン・フラップで、乳腺ごと剥がしてフラップとして利用する。

※4 根元から断尾したうえで、尾の皮膚をフラップとして利用する方法である。

※5 肩関節尾側に起始して肩甲骨に沿って背側に伸びる胸背動静脈を利用したアキシャルパターン・フラップで、頸部から体幹部にかけて広範囲の皮膚欠損を覆うことができる。

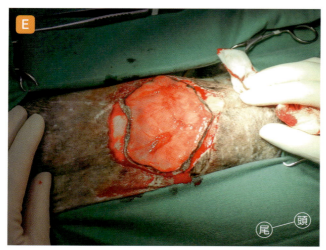
症例2：症例1と同様に、創縁の皮膚と創面の不良肉芽組織を除去する。

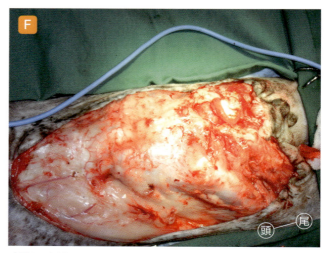
症例3：症例1、2と同様に、創縁の皮膚と創面の不良肉芽組織を除去する。

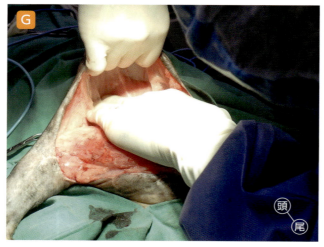
症例1：尾側は肛門が近く広範囲にUndermineすることができないため、頭側の皮下を十分にUndermineする。

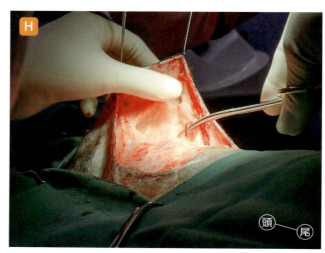
症例2：皮下の血管に注意しながら頭側および尾側の皮下をUndermineする。

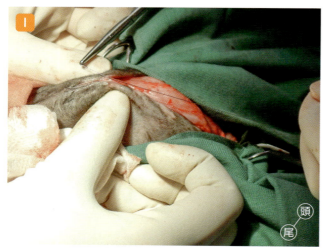
症例1：スキンフックまたは用手で皮膚を寄せた状態で真皮を縫合する。

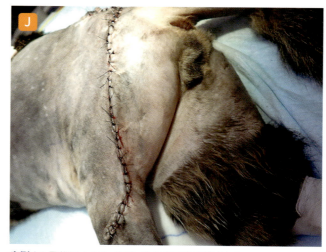
症例1：最後に4-0ナイロン縫合糸で皮膚縫合した。

図6-3 猫の広範囲皮膚欠損創の3例（つづき）

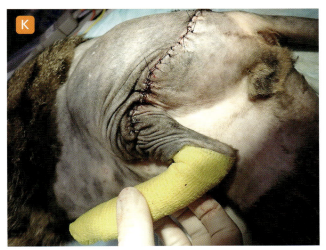

症例1：Undermineにより膝の位置が下腹部にスライドすることで縫合部にかかるテンションが軽減されている。

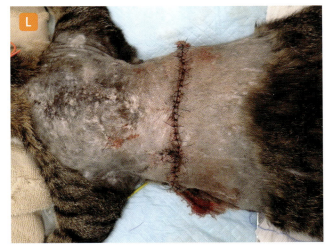

症例2：症例1と同様に皮膚縫合が終了した様子である。

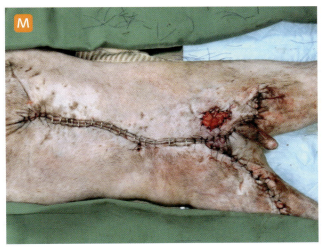

症例3：症例1、2と同様に創周囲の皮下を十分にUndermineした後、スキンフックまたは用手で皮膚を寄せ、確実に真皮縫合を行い、最後に皮膚縫合を行った。術創のライン上に肛門開口部があたらないように注意した。

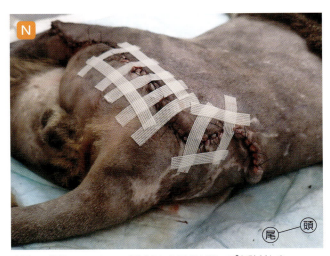

症例1：術後にテンション軽減のためステリテープを貼付した。

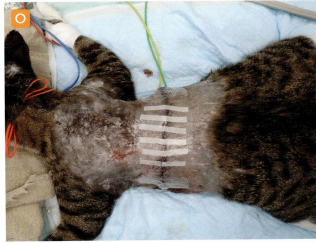

症例2：術後にテンション軽減のためステリテープとポリウレタンフィルムを貼付した。

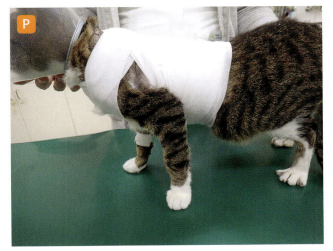

症例2：後肢で引っ掻かないようにバンデージで保護した。

(次ページへつづく)

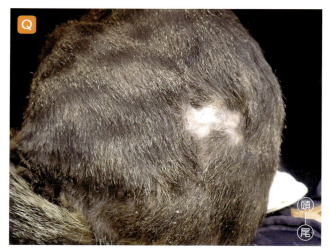

症例1：約1カ月後の術創である。

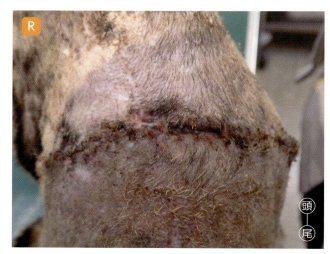

症例2：抜糸直後の術創である。

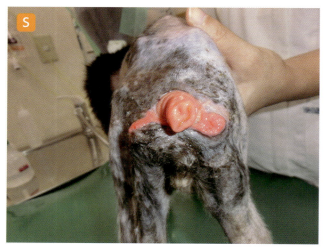

症例3：坐骨の部位に小規模な創離開が生じた。また直腸脱がみられた。

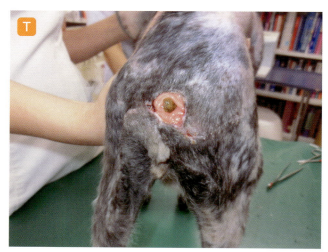

症例3：直腸固定術により直腸脱を整復した。

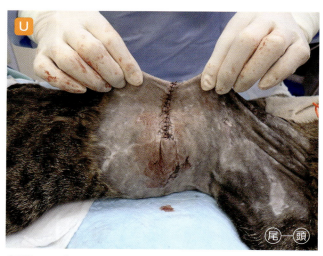

症例2：Walking sutureをしないことで皮膚の自然な可動性が保たれている。

図6-3　猫の広範囲皮膚欠損創の3例（つづき）

症例④　猫の慢性化したポケット創

保護猫のため年齢不明、去勢雄、日本猫（雑種）。左大腿部外側に外傷を負った状態で保護され、他院にて治療を受けたがなかなか治癒しなかった。3件目の動物病院で手術を受けていったんは閉鎖したものの、ふたたび離開した。その後も手術と離開を繰り返し、当院を受診した時点ではペンローズドレーンが設置された状態で、皮下のポケットが塞がらない状況が続いている、とのことであった（図6-4-A）。

問題点

ドレーンチューブが創の背側から腹側までトンネル状に"貫通"した状態で設置されており、創内の滲出液を効率的に排出できる状態になっていない。ただし滲出液の分泌は少なく、ドレーンチューブ自体が創内の"異物"として治癒を妨げている可能性も考えられる。外傷により大腿部外側の筋肉が一部欠損して創底がやや陥没しており、これを覆っている皮膚はテンションのため前後にピンと張った状態である。そのため、皮膚が創面から常に浮いた状態になっており、おおよそ5×4×1 cm（長径×短径×深さ）のポケットが"内部の空間を維持した状態"で治癒機転を失っているように思われる。

ICと治療プラン

難治性の慢性ポケット創における治療の原則は「切開→ポケット除去→縫合閉鎖」である（第2章「創傷の管理法」を参照）。しかし、前述したように本症例はこの時点ですでに複数回の手術を受けており、飼い主としては「手術はほかの方法がうまくいかなかった場合の最後の手段にしたい」との希望である。したがって、現状無効と思われる受動的ドレーンを除去し、能動的ドレーンに切り替える方法を提案する。

手術内容と術後経過

まずペンローズドレーンを除去し、創内に壊死や感染がないことを確認した。上下のドレーン孔を（局所麻酔にて新鮮創にした後）縫合閉鎖すると同時に、5 mLシリンジと6Fマルチチューブを利用した持続陰圧ドレーンを設置した（図6-4-B、第2章「創傷の管理法」を参照）。ドレーンチューブの管理方法を飼い主に指導したうえで自宅管理とした。シリンジは術後衣に貼りつけて固定し、1日1回、自宅で交換するよう指示した。1週間後の時点で「まだ1日に1.5～2.5 mLほどの液体が吸引される」とのことであった。そのため、シリンジにかける陰圧を弱めにして、さらに3日ほど処置を継続したところ「ほぼ液体が吸引されない状態」になったため、ドレーンチューブを抜いてそのまま経過観察とした。数日後の来院の際には、創は完全に塞がっており液体の貯留もみられなかったため、治癒と判断した。

追記

部位や設置方法が適切であれば、「排液」という意味においては受動的ドレーンでも十分に機能する場合が多い。しかし、本症例に関しては能動的ドレーンに切り替えたことが有効であったと思われる。

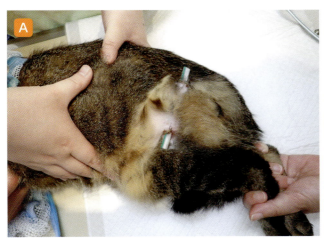

トンネル状のポケット創を貫通するように、ペンローズドレーンが設置されていた。

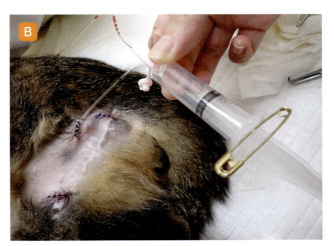

上下の創口を縫合閉鎖し、元の創口とは別の位置に持続陰圧ドレーンを設置した。

図6-4　猫の慢性化したポケット創

症例⑤　犬の背中の腫瘤切除による皮膚欠損創

保護犬のため年齢不明、去勢雄、ビーグル。背中に生じた悪性腫瘍（約5×5×2 cm：軟部組織肉腫が疑われた、図6-5-A）に対して外科的切除を行った後、局所皮弁（皮膚欠損部に隣接する皮膚を移動させて被覆・閉鎖する皮弁法。通常はランダム・フラップとなる）を用いて閉鎖し、能動的ドレーンを併用して管理した。

ICと治療プラン

事前のパンチ生検にて悪性腫瘍であることが確定しており、マージン確定のためのCT検査を実施した後に外科的切除を行う。背中のほぼ中央（第1〜2腰椎の直上）やや左の皮下腫瘤であり、マージンを含めるとかなり大きな皮膚欠損創となることが予想される。この部位はアキシャルパターン・フラップを用いにくい位置にあり、また腫瘍細胞の遠隔への播種を防ぐために、なるべく局所の操作で閉創したいと考える。しかし、実際にどのような局所皮弁を用いるか（伸展皮弁［U字］、ダブル伸展皮弁［H字］、回転皮弁など）は切除してから検討する。

手術内容と術後経過

背中の腫瘤に対して、水平および垂直方向に約2〜2.5 cmのマージンを確保して切除したところ、約10×10×4 cmほどの皮膚欠損創が生じた（図6-5-B、6-5-C）。皮膚欠損はダブル伸展皮弁（H字）にて閉鎖することとした（図6-5-D、6-5-E）。また、術創のとくにテンションが加わる部位（Hの真ん中のバー）をステリテープとポリウレタンフィルムで補強した（図6-5-F）。さらに10 mLシリンジと8Frマルチチューブ（チューブの先端は多孔に処理）を利用した持続陰圧ドレーンを設置し、シリンジは頸部にバンデージで固定した（図6-5-G）。術後はオピオイドによる疼痛管理と抗菌薬の投与を適宜行い、4日ほどでドレーンへの排液が減少したためチューブを抜去した。術創は問題なく癒合し、12日ほどで抜糸とした（図6-5-H）。

追記

腫瘍切除などにともない大きな皮膚欠損創を生じる場合や、筋膜切除により筋線維が露出するような術創では、必ずドレーンを設置する。本症例では創の部位が背中の"水平面"であったため、受動的ドレーンでは重力の影響でドレナージ不良が生じると考え、能動的ドレーンを設置した。チューブは術創から離れた部位に設置するのが原則であるが、筆者はフラップで使用する場合、チューブをフラップ外に設置するほうがよいと考えている（フラップの血行を最大限に温存し、挫滅などの損傷を最小限にするため）。

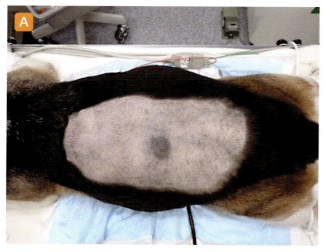

ビーグルの背中に生じた直径5 cm、厚さ2 cmほどの悪性腫瘍である。

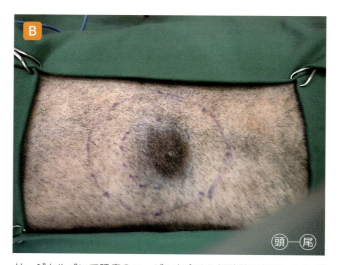

サージカルペンで腫瘍のマージンを含めた切除範囲をマーキングした。

図6-5　犬の背中の腫瘤切除による皮膚欠損創

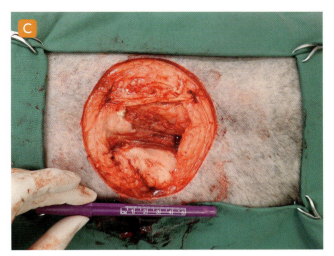

切除後、直径約10 cmの皮膚欠損創となった。

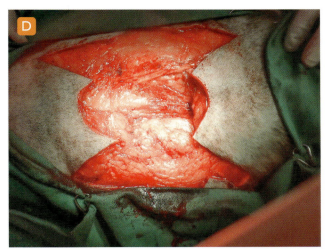

ダブル伸展皮弁（H字）とするため、欠損部の頭側と尾側にそれぞれ2本ずつ切開線を加えた。

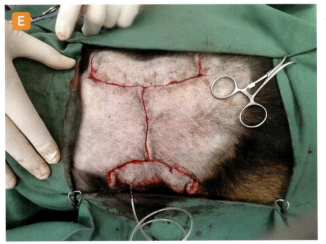

Dで作出した2つのフラップを寄せて真皮を縫合した。ドレーンチューブはフラップにかからない部分の皮膚に通した。

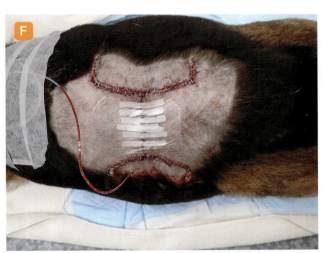

皮膚をナイロン縫合糸およびスキンステープラーで縫合した後、中央部分のテンションを軽減する目的でステリテープとポリウレタンフィルムを貼付した。

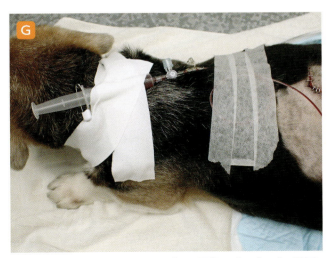

持続陰圧ドレーンのためのシリンジは、頸部にバンデージで固定した。

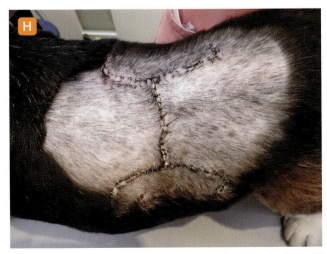

抜糸直前の術創である。四隅に生じたドッグイヤーは、時間の経過とともに平坦化すると思われる。

症例⑥　犬の腋窩に生じた皮下輸液による皮膚壊死

1歳齢、去勢雄、チワワ。左の腋窩から肘にかけての皮膚全層壊死および脱落が認められた。壊死の原因は不明だが、前医にて去勢手術を受けた2日後から壊死が始まったとのことであり、おそらく麻酔時に実施された皮下輸液に起因する皮膚壊死と考えられた。

問題点

「細菌感染による皮膚壊死」が疑われ細菌培養・薬剤感受性試験などが実施されていた（緑膿菌2+）が、当院初診時においては明らかな感染徴候はみられなかった。壊死した皮膚が切除されずに垂れ下がった状態のまま温存されており、これが融解～腐敗して細菌増殖の温床となっていると考えられる（図6-6-A）。

ICと治療プラン

皮膚欠損が広範囲であることに加えて、腋窩や肘などは比較的ドレッシング管理が難しい部位であることから、手術による閉鎖が必要だと思われる。しかし、初診の時点ではデブリードマンが完了しておらず、肉芽組織の増殖も不十分であったことから、ひとまずドレッシング交換による保存的管理を行うのがよいと判断した。また、去勢手術からまだ日が浅く、当面は全身麻酔を必要としない治療を飼い主も希望した。腋窩などの可動部位は二次治癒による皮膚の瘢痕・収縮が起きやすいため、たとえ創が閉鎖したとしても、状況によっては外科的整復が必要となる可能性を説明する。

処置・手術内容と術後経過

外科的デブリードマンを実施後、50％グルコース液を染み込ませたwetガーゼを用いたドレッシング（第2章の図2-3を参照）にて被覆した。できれば連日の交換が理想的であったが、飼い主の都合により1日おきの交換となった。壊死がほぼなくなったところで（図6-6-B）、ドレッシング材を非固着性吸水性ドレッシング（ズイコウパッド）に切り替えた。

約1週間後、創の収縮は順調であった（図6-6-C）。治療開始2週間後、創の収縮はさらに進んでいるが、同時に創周囲の皮膚に強い収縮がみられた（図6-6-D）。この間の抗菌薬の投与は（とくに壊死組織が除去された後は）行っていない。治療開始から50日経過後、創はほぼ閉鎖しているものの、瘢痕拘縮が生じて上腕の可動域を著しく制限していた（図6-6-E）。そのため、浅頸アキシャルパターン・フラップにて腋窩の可動域を広げるための手術を行った[6]（図6-6-F）。術前・後の抗菌薬の投与を適宜行い、術後は一晩フェンタニルの持続静脈内投与による疼痛管理を実施した。術後約10日で抜糸し、前肢の可動域は改善されて運動機能にも問題は残っていない（図6-6-G）。

追　記

筆者は、皮下輸液による皮膚壊死に複数例遭遇している。いずれも筆者が皮下輸液を行った症例ではないため、輸液剤の内容や状況の詳細は不明であるが、「起こりうるリスク」として念のため認識しておいたほうがよいだろう。

皮下輸液による皮膚壊死の特徴は、熱傷のように表面から徐々に壊死するのではない。ある日突然皮膚に亀裂が入り、滲出液や融解した脂肪が溶け出し、全層が剥がれて脱落するというきわめてショッキングな状態で発生することが多い（図6-6-H）。「なるべく皮膚を残したい」という期待から、壊死した皮膚が創面を覆ったままの状態にされていることがある（図6-6-H）。しかし、いったん壊死した皮膚がふたたび"生き返って"生着することはなく、むしろ腐敗の原因となる。そのため、早期に除去（デブリードマン）して創面を適切なドレッシング材にて被覆管理する必要がある。

※6 本症例に関しては体重1.5 kgと非常に体格が小さいうえ、術中に目視で確認した浅頸動静脈が細くフラップの血流に不安があったため、大網フラップを併用した。大網フラップとは、傍肋骨切開により腹腔内の大網をフラップ状に引き出して皮下の創床部に縫合、固定する方法である。大網による創傷への血行・リンパ行の補助やドレナージ効果、シーリング効果などが期待できる。

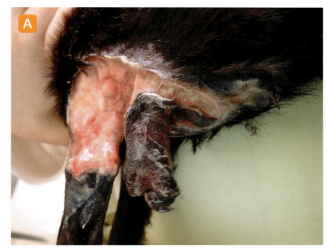
腋窩から肘にかけての皮膚が全層壊死したままぶら下がっている。

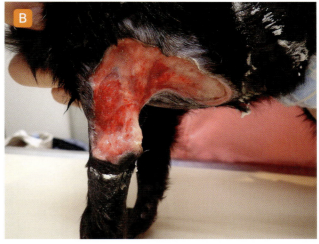
徐々に壊死が取り除かれ、創面が肉芽組織に覆われ始めている。

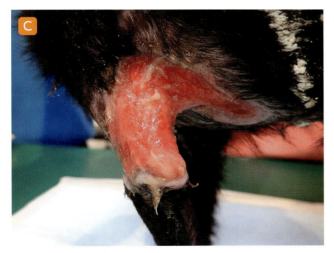
創の収縮と上皮化が進行してきている。

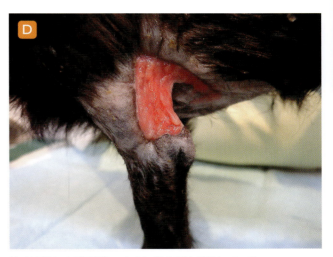
治療開始から2週間後。さらに創の収縮が進んでいる。

図6-6 犬の腋窩に生じた皮下輸液による皮膚壊死

（次ページへつづく）

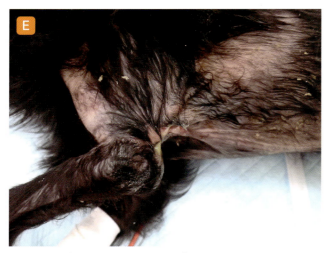
治癒は進んだものの、強い瘢痕拘縮が生じている。

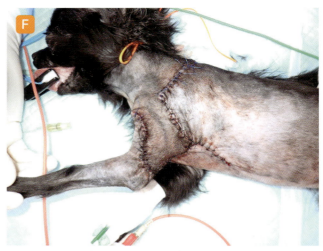
浅頸アキシャルパターン・フラップにて左前肢の可動範囲を修正した。

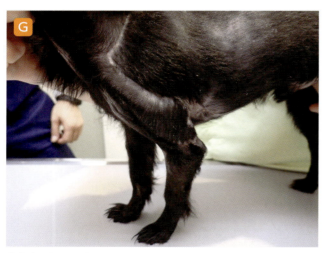
抜糸完了後。運動機能への影響は生じていない。

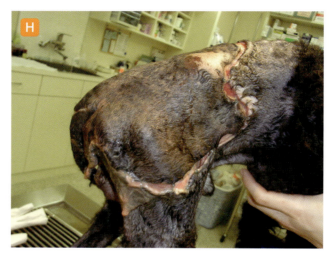
過去に筆者が経験した、皮下輸液によって生じたと思われる、きわめて広範囲な皮膚の全層壊死である。健康部と壊死した皮膚との間に亀裂が入り、融解壊死した脂肪組織が溶け出している(図1-5、図3-17と同一症例)。

図6-6 犬の腋窩に生じた皮下輸液による皮膚壊死（つづき）

症例⑦　猫の肩の皮膚欠損創（術創離開）

年齢不明、避妊雌、日本猫（雑種）。右肩側面に外傷を負った状態で保護された。最初の保護主（保護団体？）のもとで治療を受けていたところを引き取り、近医で手術により縫合、閉鎖したがすぐに離開した。

問題点

保護主によると、当初は単一の皮膚欠損であったが近医で手術を受けて離開してから、創周囲の皮膚に多数の穴があいたとのことである。穴の位置や大きさが不規則であることから、メッシュ状減張切開の跡ではなくWalking sutureの跡ではないかと想像される。また、創面はあまり清潔には保たれておらず毛刈りも不十分であり、滲出液が毛に染み込んでフケや汚れ、粉剤などが一体となって固まった状態になっている（図6-7-A）。

ICと治療プラン

ドレッシング管理が適切に施されていない様子であったため、ひとまずは非固着性吸水性ドレッシング（ズイコウパッド）を使用して保存的管理を行う。周辺の小さな"穴"が二次治癒により収縮するかどうか経過をみつつ、手術の計画を立てることとする。

皮弁の候補としては、浅頸アキシャルパターン・フラップまたは胸背アキシャルパターン・フラップが考えられる。しかし、いずれの皮弁も（とくに胸背アキシャルパターン・フラップ）その基部周辺が創傷内に含まれているため、"軸"となる血管が温存されているかどうかの不安がある。一方で、頸部、胸背部、腋窩のフォールド部分※7などは皮膚の伸展性がよい部位であるため、十分なUndermineによって創縁どうしを寄せられる可能性があると思われる。

手術内容と術後経過

創は、右肩前に1辺を5～6cmとする逆三角の"おにぎり型"の皮膚欠損、およびその周辺に複数の小さな皮膚欠損もしくは穴が生じている状態であった（図6-7-B）。周辺の穴を含めて全体を「1つの創」として創縁全周を切開し、創面の不良肉芽組織とともに切除した（図6-7-C）。血管に注意しながら、創縁下の皮膚を広範囲かつ鈍性にUndermineを行った（図6-7-D）。Walking sutureやメッシュ状減張切開は行わず、4-0モノフィラメント吸収糸にて真皮を確実に拾って単純結節縫合を行った。そして、最後に皮膚を4-0ナイロン縫合糸にて縫合、閉鎖した（図6-7-E）。抗菌薬は術前にセフォベシンナトリウムを投与し、術後はオピオイド（ブプレノルフィン）による疼痛管理を行った。カラーに加えて、後肢の爪で術創を引っ掻くことを防ぐためにバンデージで保護し（図6-7-F）、約2週間後に抜糸とした。

追記

Walking sutureの問題点については第5章で述べたとおりである。本症例の右肩の創は、保護された当初はもっと小さな単一の皮膚欠損であったが、処置・縫合・離開を繰り返すうちに「どんどん大きくなって周りにも穴があいてきた」とのことであった（保護主談）。術創離開の原因として症例側の要因※8もまれにはあるが、実際には処置や縫合手技などに問題がある場合が多い。最初の処置～縫合手技が適切に行われていれば、ここまで創の範囲が拡大することはなかったのかもしれない。

※7 犬や猫などの動物は、腋窩や鼠径部に、よく伸びる水掻き様の皮膚の襞をもつが、この部位の皮膚をスキン・フォールドと呼ぶ。

※8 症例側の要因として、皮膚無力症やクッシングなどコラーゲン生成に異常を来たす基礎疾患や低アルブミン血症、ステロイドや免疫抑制薬を投与されているケースなどが考えられる。

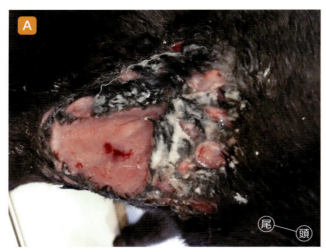
右肩に生じた複数の皮膚欠損創である。白いのは毛にこびりついた粉剤である。

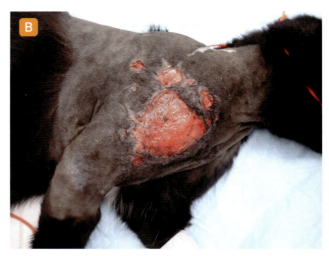
中心部の大きな皮膚欠損創の周囲に、小さな皮膚欠損創が複数生じている。

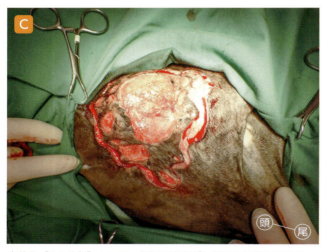
全体を"1つの創"として、創縁の皮膚ごと創面を新鮮創にする。

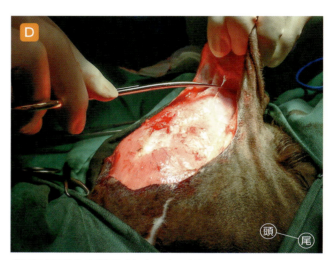
創周囲の皮下を広範囲にUndermineする。

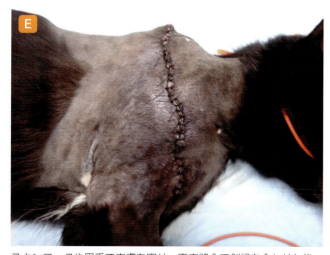
スキンフックや用手で皮膚を寄せ、真皮縫合で創縁を合わせた後、4-0ナイロン縫合糸にて皮膚縫合を行った。

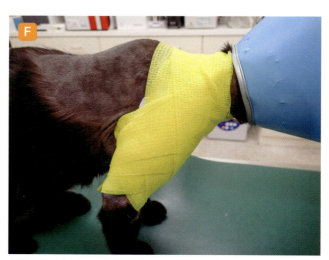
後肢で引っ掻くことを予防するため、バンデージで保護を行った。

図6-7 猫の肩の皮膚欠損創（術創離開）

症例⑧　犬の肘関節の損傷

1歳齢、未避妊雌、イタリアン・グレーハウンド。他院にて右橈尺骨骨折の整復手術を受け、約半年後にプレートを除去した。除去後のキャスティングのため肘上からバンデージにて固定され、2週間後にバンデージを外したところ、肘の皮膚に穴があいていた。

問題点

肘や踵など関節突出部に生じた創の管理は、非常に難しく厄介である（第4章「包帯法（バンデージング）」を参照）。飼い主の話によると、キャスティング翌日あたりから患肢を着かず、痛みで鳴き叫ぶ様子がみられたが、もともと神経質で痛みなどに敏感な性格であったため、2週間後の交換時まで様子をみてしまったとのことである。

キャスティング（バンデージング）によって生じた創をバンデージ管理で治療することになるため、かなり慎重にバンデージ管理を行わないと、かえって創が悪化する危険性がある（第4章「包帯法（バンデージング）」を参照）。

ICと治療プラン

肘や踵の関節突出部に生じた圧迫創は、基本的にドレッシングとバンデージングにより治療を開始する。使用するドレッシング材は、ポリウレタンフォーム（ハイドロサイト）が第一選択である。経験的に、犬においてはドレッシング管理によって二次治癒するケースがほとんどである（猫に関しては後述）。しかし、修復と（バンデージによる）破壊が拮抗する状態となるため、治癒までに数カ月の期間を要する可能性がある。ドレッシング管理で治癒しない場合は外科的修復が必要となるが、これらの部位では単に「皮膚を寄せて縫う」だけでは離開のリスクが高くなる。そのため、アキシャルパターン・フラップ（肘の場合は胸背アキシャルパターン・フラップもしくは浅上腕アキシャルパターン・フラップ[9]）での閉創を検討すべき

である。さらに、フラップを用いた場合でも術後に装具やバンデージなどで除圧管理を徹底して、皮弁壊死を予防することが必須となる。

処置内容と経過

当初は、皮膚と軟部組織が削れて肘頭の靭帯付着部が露出している状態であったが、当院来院時は肉芽組織で覆われていた（図6-8-A）。本症例は痛み刺激に対してきわめて過敏になっており、バンデージ交換のたびに鳴き叫んで暴れるため、毎回鎮静を要した。第4章で解説したように、ポリウレタンフォーム（ハイドロサイト）を「く」の字型に成型したものを創にあて、関節を軽く曲げた状態でギプス下巻用クッション包帯を用いて亀甲帯で巻き始め、首周りにもたすきがけをして滑り落ち予防とした（図6-8-B）。衝撃吸収材を関節突出部にあてがい（図6-8-C）、粘着性伸縮包帯で補強しながら自着性保護包帯で全体を保護した（図6-8-D）。これを3〜4日に1回（週2〜3回程度）の頻度で交換し、創面や周辺皮膚の損傷をチェックしながら微調整を加えつつ、ドレッシング／バンデージ交換を継続した。

約1カ月後、創の辺縁から上皮化が徐々に進行していた（図6-8-E）。さらにその1カ月後、新生上皮が創の大部分を覆っていた（図6-8-F）。新生したばかりの上皮はきわめて薄く脆いため、少しでも擦れたり舐めたりすると剥がれるため、とくに慎重に管理を行う必要がある。さらに1カ月経過し（図6-8-G）、この間に自宅でバンデージがずれたり自分で外したりするトラブルなどがあり一進一退の状況が続いたが、その1カ月後にはほぼ上皮化が完了した（図6-8-H）。創面に小さな痂皮の塊が付着しているが、このような小さな塊でも持続的な圧迫によって創面をえぐり、新たな損傷が生じる危険性があるため十分に注意する（図6-8-H）。さらにその2週間後、完全に上皮化し治癒した（図6-8-I）。

---

[9] 上腕動脈の皮枝を軸とするアキシャルパターン・フラップである。肘関節頭側から上腕骨に沿って背側に伸びる比較的小さなフラップである。

追　記

　骨折などの手術後のキャスティングに起因した関節や肢端部の損傷は、比較的頻繁に遭遇する。「骨折の整復」にすべての注意を注いでしまうと、このようなバンデージによる損傷に気がつかないことがある。いったん損傷が生じると治療に非常に苦慮する部位である。この部位のバンデージングの詳細に関しては、第4章を参考にされたい。

肘頭の皮膚損傷である。激しい疼痛をともなっていた。

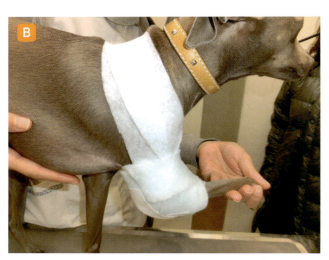

肘を曲げた状態でハイドロサイトにて被覆した後、ギプス下巻用クッション包帯で固定した。

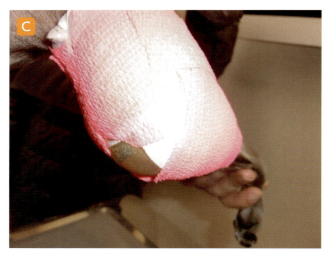

衝撃吸収材を肘頭部にあて、バンデージでさらに保護した。肘頭の直上にはバンデージをかけないように注意する。

頸部にも自着性保護包帯をかけて、全体がずり落ちないようにした。

図6-8　犬の肘関節の損傷

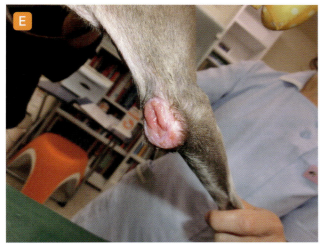

1カ後、創の収縮が認められた。

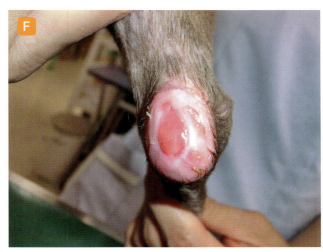

Eの1カ月後、上皮化が進行していた。

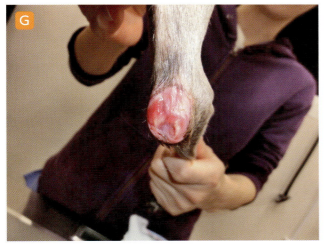

Fの1カ月後の状態である。

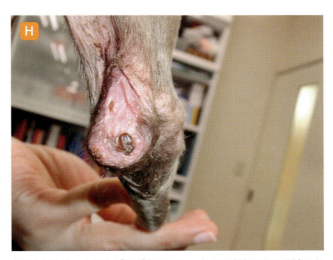

Gの1カ月後、上皮化がほぼ完了した。小さな痂皮による圧迫にも注意する。

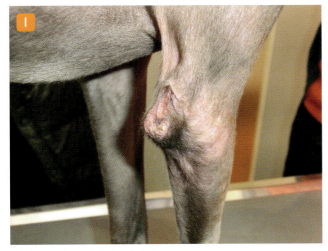

Hから2週間で完全に上皮化した。

症例⑨　犬の踵の損傷の2例

肘と同様に踵の創傷も管理が難しい部位である。しかし、とくに犬においては（アキレス腱損傷などにより踵を着く状態でない限り）肘と同様の管理で二次治癒する可能性が高い。

問題点

1つ目の症例（症例1）は16歳齢、避妊雌、トイ・プードル、体型は痩せ気味（BCS＝2/5）で食欲増進のため？（詳細な目的は不明）前医にてプレドニゾロンの内服を処方されている。踵の損傷の原因は不明であるが、高齢でもあり、転んだり擦れたりした際に自然に生じた単純な外傷が悪化したものと思われる（図6-9-A）。

2つ目の症例（症例2）は7歳齢、去勢雄、ドーベルマンの踵に生じた創傷である。同部位に生じた腫瘍（腺癌／病理組織学的検査にて切除縁上に腫瘍細胞なし）を切除、縫合したが開いてしまったとのことである。その後3度再縫合したが離開し、4度目の再縫合が予定されていた。創縁に残る縫合糸が治癒を妨げているため、除去する必要がある（図6-9-B）。

ICと治療プラン

これらの症例では、まずポリウレタンフォームとバンデージング（第4章「包帯法（バンデージング）」を参照）による二次治癒を目指す。難治性の場合には外科的に縫合閉鎖することも検討するが、その場合は「寄せて縫う」のではなく、アキシャルパターン・フラップで閉鎖することになる。また、関節固定などの侵襲度の高い処置は原則的に行わない。悪性腫瘍切除後の創離開に対しては、細胞成長因子などを含む製剤[※10]の使用は禁忌となる。

処置内容と経過

症例1では、飼い主に対してドレッシングとバンデージの方法を指導し、自宅で1〜2日ごとに交換してもらい、10日〜2週間間隔での通院を指示した。第4章で解説したとおり、「く」の字型に成型したポリウレタンフォーム（ハイドロサイト）を関節後方にあてがい（図6-9-C）、ギプス下巻用クッション包帯を用いて亀甲帯で巻いた後、衝撃吸収材をあてて、自着性保護包帯で固定した（図6-9-D）。3週間後、肉芽組織の増殖により白い靭帯の露出が改善されており、創の収縮がみられた（図6-9-E）。さらに3週後、肉芽組織が創縁の上皮を乗り越えてやや過剰に増殖し、スムーズな上皮化を妨げていると思われた（図6-9-F）。そのため、局所麻酔処置を行ったうえで鋭匙／メス刃を使用して過剰肉芽組織を掻爬した（図6-9-G）。処置当日は止血のためにアルギン酸塩ドレッシング材を使用したが、その後は自宅で同様のドレッシング管理を継続した。2週間後に完全に上皮化し治癒した（図6-9-H）。

症例2は、まず創縁に残る縫合糸を除去し（図6-9-I）、症例1と同様の管理を行った。約2週間後には非常に順調な上皮化が認められた（図6-9-J）。さらに同様の処置を継続し（図6-9-K）、初診から48日ほどで完全に上皮化した（図6-9-L）。

追　記

踵の創傷は、肘と同様に管理が困難であるものの、バンデージ管理は肘より幾分行いやすいことが多い。そのため、飼い主に処置の方法を指導して、自宅で交換・管理してもらうことが可能な場合が多い。症例1のように、時折、擦れや圧迫によって過剰肉芽組織となることがあるが、局所麻酔下で掻爬処置を行うと上皮化が進行することが多い。

※10 フィブラストスプレーなどの褥瘡・皮膚潰瘍治療剤が代表的である。

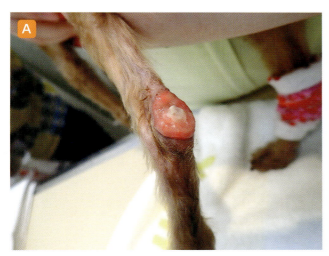

症例1：トイ・プードルの踵の損傷である。靭帯が露出していた。

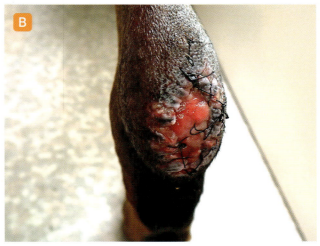

症例2：ドーベルマンの踵にできた腫瘍切除後に生じた創離開である。

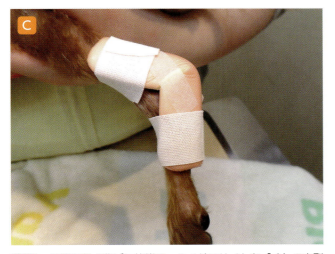

症例1：関節を軽く曲げた状態で、ハイドロサイトを「く」の字型に成型して踵を覆う。

症例1：バンデージにて固定し保護した。

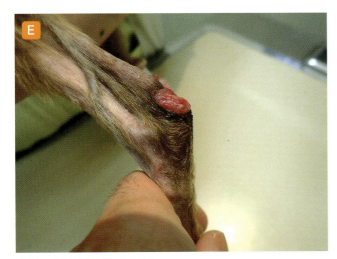

症例1：創の収縮が認められた。

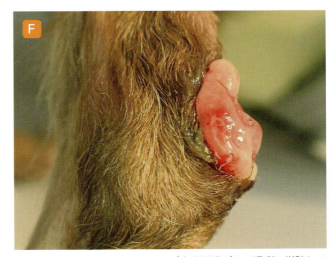

症例1：創はさらに収縮しているが肉芽組織がやや過剰に増殖していた。

図6-9　犬の踵の損傷の2例

（次ページへつづく）

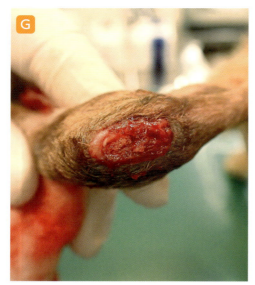

症例1：過剰に増殖した肉芽組織を局所麻酔下で掻爬した。

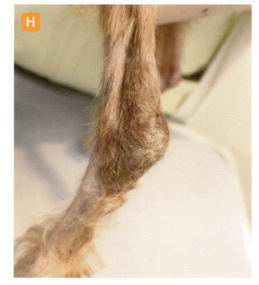

症例1：Gの処置後2週間で治癒となった。

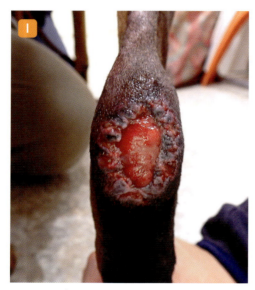

症例2：治癒を妨げている縫合糸を除去した。

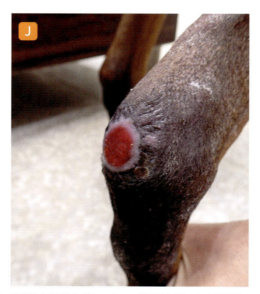

症例2：症例1と同様のドレッシング管理を行った2週間後である。きわめて良好な収縮と上皮化がみられた。

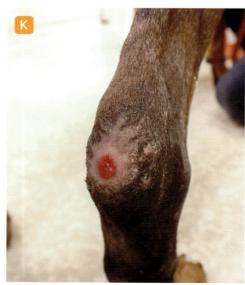

症例2：同様の管理を継続した。順調な上皮化がみられた。

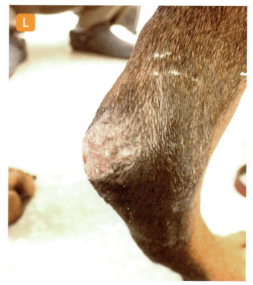

症例2：治療開始から約48日で完全に上皮化した。

図6-9 犬の踵の損傷の2例（つづき）

症例⑩　猫の踵の損傷の2例

症例1は5歳齢、去勢雄、日本猫（雑種）。アキレス腱損傷により踵を着いて歩くようになり、左の踵の皮膚を損傷したためドレッシング材などによる管理を行っていたが、悪化してきたとのことで紹介・転院となった（図6-10-A）。

症例2は9歳齢、避妊雌、日本猫（雑種）。左の踵の外傷を舐め壊すなどして悪化したため、ドレッシング材による管理および数回の手術による縫合を行ったが、離開してなかなか治らないという経過で紹介・転院となった（図6-10-B）。

踵などの関節突出部に限らず、猫の慢性創は難治性となりやすい。いったん治癒が停滞した猫の慢性創をドレッシング管理で二次治癒させることは、多くの場合、困難である。当然、肘や踵などの関節突出部も例外ではなく、犬と同様のドレッシング管理を行っても改善しないことが多いため、ほとんどの場合は積極的な外科的介入が必要となる。

問題点

猫の慢性創である点や部位が踵である点など、治療困難となる要因が重なっていることに加えて、症例1ではアキレス腱損傷により踵を接地する状態になっている。さらに猫の場合は、自宅で飼い主によるバンデージ交換が困難である場合も多い。

ICと治療プラン

猫の踵の慢性創ではアキシャルパターン・フラップ（逆行性伏在導管フラップ[11]）が第一選択となる。術後もドレッシング材または装具による踵の保護が必須であり、とくに症例1ではその後も終生にわたり装具などによる保護が必要となる。

創面に乾燥や壊死、挫滅や周辺皮膚のかぶれなどがある場合には、創とその周辺を整える目的でドレッシング管理を行うことが多い。しかし、創の収縮はあまり期待できないことが多く、むしろ肉芽組織が増殖し、反対に「悪化した」ようにみえる場合もある[12]。

手術内容と術後経過

両症例ともに、創縁および創面の不良肉芽組織を完全に除去し、逆行性伏在導管フラップにて閉鎖した（図6-10-C〜E）。術前・後に抗菌薬を適宜投与した。術後はギプス下巻用クッション包帯を用いて、フラップおよび術創に圧迫刺激が加わらないよう慎重にバンデージ管理した（図6-10-F）。アキレス腱損傷などにより踵を着いてしまう症例では、装具を作製して終生の管理が必要となる（図6-10-G）。10〜14日ほどで抜糸可能となるが（図6-10-H）、アキレス腱の機能が正常な症例の場合でも、術後にふたたび踵を損傷する危険性がある。そのため、しばらくの間は頻繁かつ詳細に観察を行い、必要に応じて"丁寧な"バンデージ管理を行うことが重要である。

追記

本書は、アキシャルパターン・フラップなどの形成外科テクニックについて詳述することを目的にしていないため、技術的な詳細は成書を参考にされたい。本症例で使用した「逆行性伏在導管フラップ」は、アキシャルパターン・フラップのなかでは比較的難易度が高い部類に入るため、ほかの皮弁手術で経験を積んでから実践することを勧める。

---

[11] 下腿部の内側を足根関節から背側に向かって走行する伏在動静脈の皮枝を軸とするアキシャルパターン・フラップのことである。

[12] 踵など関節突出部の創面において、筆者は「肉芽組織が増殖する」ことは必ずしも悪い反応ではないと考えている。とくに腱や靭帯が露出している場合は、これらの組織が乾燥して融解・壊死するとアキレス腱断裂などにもつながる。そのため、早期に肉芽組織で覆われるように管理することが重要である。

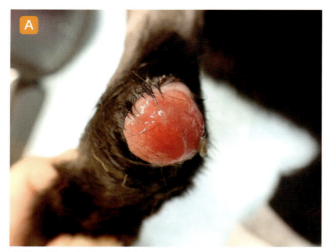
症例1：猫の踵に生じた皮膚損傷である。

症例2：猫の踵に生じた皮膚損傷である。

症例1：逆行性伏在導管フラップを用いて外科的に閉鎖した。

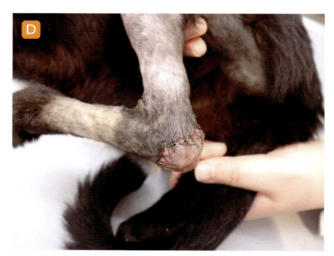
症例1：術後5日目。フラップの壊死や挫滅は生じていない。

図6-10 猫の踵の損傷の2例

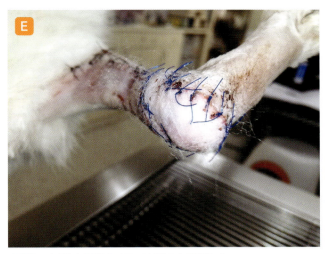

症例2：症例1と同様の方法で外科的に閉鎖した。

症例2：厚手でクッション性のあるバンデージで、負重によるフラップへの圧迫から踵を保護した。

症例1：アキレス腱損傷などで踵を着いて歩く場合は、術後も装具などで保護を継続する必要がある。

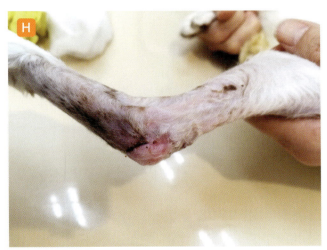

症例2：抜糸後の状態である。やや赤みはあるが、明らかな壊死や挫滅は生じていない。

症例⑪　猫の両足底部の皮膚欠損創

本症例もまた保護猫（年齢不明／避妊雌）であり、受傷した状態で保護された。発見時の状態は、両側後肢の足底部全面（肢端部から踵付近まで）に接着剤のような異物が固着していた。近医にてこれを除去したところ、足底部の皮膚が広範囲に欠損しており、趾の変形とパッドの大部分が欠損していた（図6-11-A、6-11-B）。

問題点

足底部、つまり負重部位の損傷であるため、手術などで閉鎖したとしても壊死・離開のリスクが高く、細心の注意が必要となる。前医でのデブリードマンおよびドレッシング管理により、比較的良好な肉芽組織で覆われた創面である。しかし、受傷してから保護されるまでの期間が不明であり、おそらく慢性創になっているものと考えられる。

ICと治療プラン

治療のゴールは「普通に歩ける状態にすること」である。左患肢のほうが欠損範囲が広いため、ひとまずアキシャルパターン・フラップ（逆行性伏在導管フラップ）にて閉鎖する。パッドは完全に欠損しているが、後々問題が生じたらパッドの移植なども検討するかもしれない。右患肢は比較的創の収縮がみられたため、ひとまずドレッシング管理による二次治癒を試みる。また、パッドの上皮が部分的に残存していたため、これが再生することを期待する。

手術内容と術後経過

左患肢は、全身麻酔下で創面を覆う肉芽組織と創縁を切除し、逆行性伏在導管フラップにて閉創した（図6-11-C）。術後はギプス下巻用クッション包帯をできるだけ"たっぷり"と巻いて、負重による刺激が創面に直接加わらないよう、十分注意して管理を行った。

右患肢は、創の状態によって数種類のドレッシング材を使用して保存的管理を行ったが、一定以上の縮小がみられなかったため（図6-11-D）、パンチ・グラフトを実施することとした。まず鎮静下で創面を掻爬し

（図6-11-E）、PICO7単回使用陰圧閉鎖療法システムを使用してNPWT（局所陰圧閉鎖療法）を行い、良好な肉芽組織の形成を促した（図6-11-F）。1週間後にNPWTを解除し（図6-11-G）、さらに約10日ドレッシング管理をした後、パンチ・グラフトを実施した（図6-11-H）。ドナーサイト（大腿部外側の皮膚）から5 mmの生検用パンチにて4カ所グラフトを採取した。同サイズにあけた肉芽組織表面のくぼみに各グラフトをはめ込むように設置し、脱落防止のため5-0ナイロン縫合糸で周囲を縫合、固定した（図6-11-I）。さらに非固着性吸収性ドレッシングで被覆し、グラフトの生着を確実にするためPICO7単回使用陰圧閉鎖療法システムで再度NPWTを実施した。4日目にNPWTを終了し、その後は非固着性吸収性ドレッシングなどで被覆し、ドレッシング管理を継続した。グラフト移植から約2週間後、鎮静下にて抜糸し（図6-11-J）、さらにドレッシング管理を継続した。その後、約10日でほぼ上皮化が完了したため退院とした（図6-11-K）。退院後も厚手の靴下を履かせるなど、足底部の保護・管理を指示した。

退院して約2カ月後の左後肢足底部は、フラップに付着していた皮下脂肪がちょうどよい具合にクッションとなっており（図6-11-L）、また右後肢足底部は、先端部に残存していたパッドの組織がわずかに再生していた（図6-11-M）。この時点で、部屋のなかを自由に走り回っている、とのことだったため治療を終了とした。

追記

両足底部のここまでの皮膚欠損の治療経験はあまりなく、個人的にもチャレンジングな症例であったが、結果は良好であり、飼い主も非常に満足していた。本症例が猫であった点も幸いしたのかもしれない。もし外に散歩に出るような（あるいは体格の大きな）犬の症例であったなら、足底部を皮膚で覆うだけでは強度が不足するため、パッド移植などの追加の手術が必要となった可能性が高いと思われた。

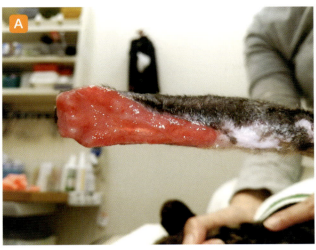
左足底部の皮膚欠損である。パッドを含めてほぼ全面が欠損しており、炎症性肉芽組織に覆われていた。

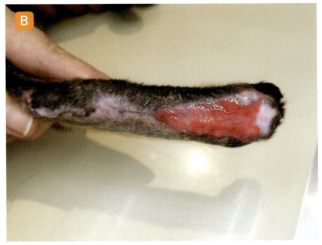
右足底部の皮膚欠損である。左足底部と比較すると、パッドの皮膚が一部残存していた。

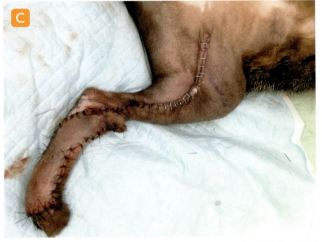
左患肢の皮膚欠損に対して逆行性伏在導管フラップで外科的に閉鎖した。術後は、厚手でクッション性のあるバンデージを用いて、負重によるフラップの壊死を防いだ。

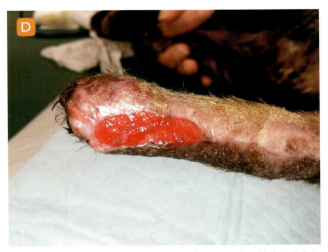
右患肢はドレッシング管理を実施したが、一定以上の縮小はみられなかった。

鎮静下で右患肢の慢性肉芽組織を掻爬した。

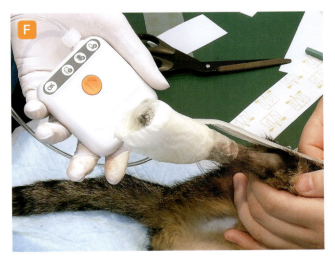
良好な肉芽組織の形成を促すため、PICO7単回使用陰圧閉鎖療法システムを使用してNPWTを実施した。

図6-11 猫の両足底部の皮膚欠損創

（次ページへつづく）

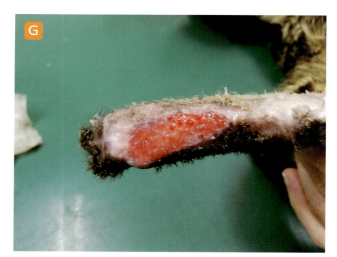

右患肢。NPWT解除後に得られた肉芽組織。

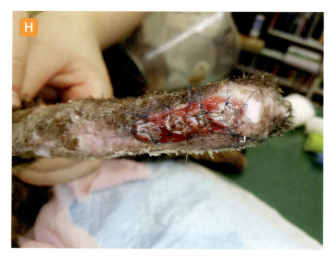

Gの10日後にパンチ・グラフトを実施した。

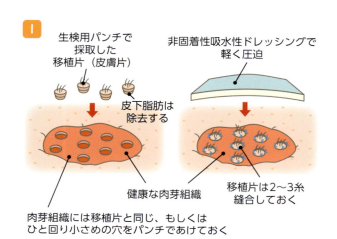

パンチ・グラフトの方法を示す。

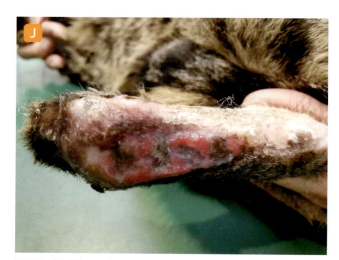

移植片が生着していた。

| 図6-11 | 猫の両足底部の皮膚欠損創（つづき） |

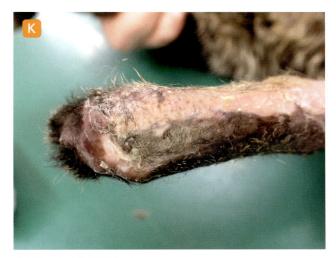

右患肢の上皮化が完了した。

左患肢。術後約4カ月の状態である。

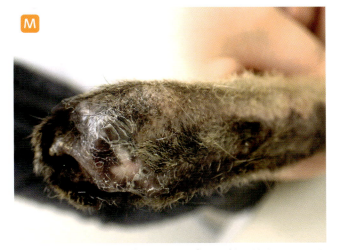

Lと同時期の右患肢。わずかに残ったパッドが少し拡大しているようにみえる。

症例で理解する創傷管理

症例⑫　猫の両側乳腺切除後の術創離開

13歳齢、避妊雌、日本猫（雑種）。半年ほど前に子宮蓄膿症および乳腺腫瘍（乳腺癌）のため、子宮卵巣摘出および両側乳腺全切除手術を受けた。メッシュ状減張切開を用いて閉創したが、その後に創が離開し、入院加療を受けていたがなかなか治癒しないため紹介・転院となった。

問題点

胸部から腹部にかけてきわめて広範囲の皮膚欠損が生じている（図6-12-A）。また、中心のメインとなる皮膚欠損創の周囲にも、おそらくメッシュ状減張切開によって生じた複数の創がみられる。脇腹～背中の創周辺の皮膚には、すでに引っ張って寄せるほどの余裕がなく、フラップによる閉鎖もほぼ不可能な状態である。

ICと治療プラン

創面全体は肉芽組織で覆われており、壊死や感染徴候などはみられない。また、肉眼的には腫瘍の播種や再発も認められないため、まずは入院管理のもとで連日ドレッシング交換を行い、創の縮小がどの程度まで見込めるかを判断する。

処置・手術内容と術後経過

入院下でいくつかのドレッシング材を試したところ、50%グルコース液を浸したwetガーゼによるドレッシング（第2章「創傷の管理法」を参照）が最も肉芽組織の状態がよく、創周囲の皮膚の状態も良好に保つことができた。そのため、これを1日2、3回交換して約1カ月間継続したところ、創の収縮と周辺の創の上皮化がみられ（図6-12-B）、飼い主の希望もあり、いったん退院とした。自宅にて同様の処置を継続し、1～2週間間隔で経過を観察することとなった。退院して約1カ月後、創の縮小がかなり進行した（図6-12-C）。し

かし、その後は一進一退の状態となり（図6-12-D）、その後約6カ月の間はわずかに創の縮小がみられるのみであったため（図6-12-E）、全身麻酔下にてパンチ・グラフトを実施することとした。大腿部外側の皮膚をドナーサイトとして、8㎜の生検用パンチを用いて数カ所、移植片を採取した。レシピエントサイトの肉芽組織表面に同サイズのくぼみを作成してグラフトを移植し、脱落防止のため5-0ナイロン縫合糸でグラフトの周囲を3、4カ所縫合した（図6-12-F）。創面は基本的に非固着性吸水性ドレッシング（ズイコウパッド）で被覆し、ほぼすべてのグラフトの生着が認められた（図6-12-G）。術後約1カ月半、移植したグラフトが成長し、各々が互いに接着してきた（図6-12-H）。術後約3カ月、わずかな隙間を残してほぼ全域が上皮化により覆われた（図6-12-I）。その後、約2週間で全域の上皮化が完了した（図6-12-J）。

追記

術創離開による広範囲な皮膚欠損であり、かつ周辺皮膚に余裕がなくフラップなどの使用も選択できない、きわめて厳しい状況であった。本症例の全身状態がよく性格も温厚であり、飼い主も非常に協力的で自宅でのドレッシング交換も指示どおりとても丁寧に行われた点は幸いであった。しかし、全身麻酔下での処置に抵抗があり、パンチ・グラフトの実施を決定するまでに長期を要したため、治癒までにほぼ1年の月日がかかる結果となった。治療期間が長期にわたったため、抗菌薬については治療期間中に短期間投与することはあったものの（肉芽組織の炎症徴候が強くなるなど）、治療全期間を通して継続的に投与することはしていない。この約2年後に乳腺癌が再発し、その1年後に亡くなるまで、QOLを損なうことなく飼い主とともに過ごすことができた。

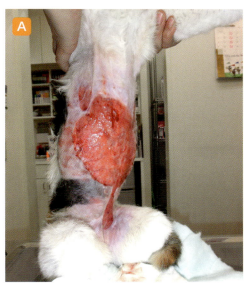
メッシュ状減張切開と術創離開によって生じた巨大な皮膚欠損創である。

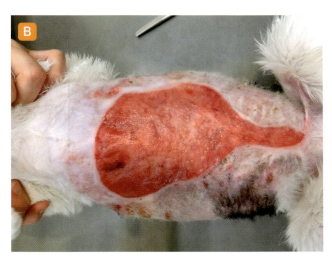
ひとまずドレッシング材による創の保存的管理を行った。

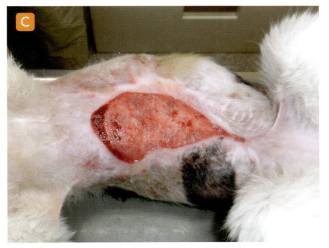
創の周囲から上皮化と収縮による創の縮小がみられた。

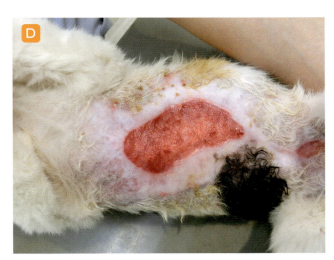
Cから約1カ月半経過。それほど変化が認められない。

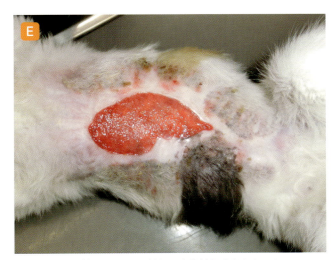
Dから半年ほど経過しても、著しい変化はみられなかった。

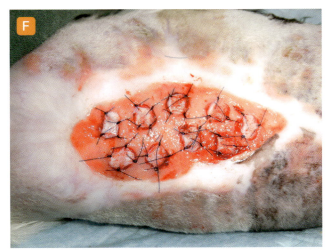
全身麻酔下でパンチ・グラフトを実施した。

図6-12 猫の両側乳腺切除後の術創離開

（次ページへつづく）

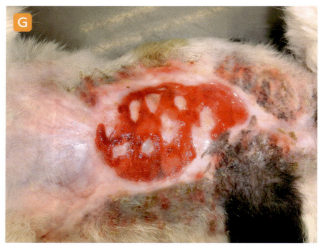

移植片はほぼ生着している。その後も非固着性吸水性ドレッシングで被覆を継続した。

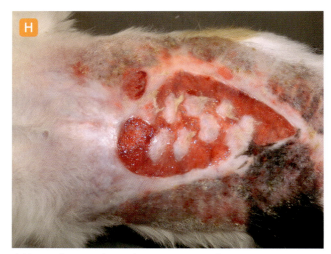

生着したグラフトがそれぞれ成長し、つながってきている。

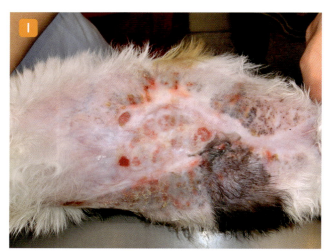

処置から約3カ月後。かなり上皮化が進行している。

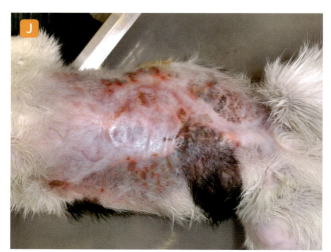

Iから2週間後。上皮化がほぼ完了した。

図6-12 猫の両側乳腺切除後の術創離開（つづき）

症例⑬ 猫の下顎の皮膚欠損創

年齢不明、未避妊雌、日本猫（雑種）。下顎の皮膚が剥離、欠損した状態で保護された。保護した当初は元気・食欲がなく、けいれん発作を起こすなど一般状態も不良であったため、近医からは安楽死を勧められていたとのことであった。しかし、数日間の入院治療と保護主による介護で元気・食欲が回復したため、創傷の治療を希望し、当院を受診した。

問題点

創傷はドレッシング／バンデージ管理がほぼ不可能な部位にあるため、開放創で維持されている。両下顎骨が露出しており、左下切歯と犬歯の歯槽骨外縁が削れて歯根付近まで露出しているようである（図6-13-A）。下顎口唇の皮膚は喉元付近まで裂けており、裂けた皮膚は両側へ収縮している（図6-13-B）。明らかな下顎骨の骨折はみられない。

ICと治療プラン

ドレッシング管理は困難であり、保存的治療による二次治癒はほぼ望めないため、手術による閉鎖が必要である。裂けて縮んだ皮膚がどの程度残存しているのか、欠損部全体を覆うことができるかどうかは、全身麻酔下で術中に確認する必要がある。創縁に口唇粘膜の皮膚が一部残っているため、できる限りこの部位を活かすことを考える。皮膚が足りない場合は浅頸アキシャルパターン・フラップなどの皮弁手術の併用も検討する必要があると思われる。とくに吻側の術創は離開や再剥離のリスクがあるため、複数回の手術が必要となる可能性も考えられる。

手術内容と術後経過

全身麻酔下で創面の不良肉芽組織を可能な限り除去した。露出した骨の表面は乾いたガーゼなどでよく擦って、汚染物や細かな不活性組織を取り除いた。丸まって萎縮した創縁の皮膚を丁寧に（血行の温存と表皮の穿孔に注意して）剥離し、平らになるように結合組織を鈍性に剥離しながら伸ばしていった（図6-13-C）。創縁を新鮮創にするのは、ほかの手術と基本的には同様であるが、口唇部の皮膚縁は極力温存するため、皮膚辺縁直下の結合組織で新鮮創となるように切開した。また左下顎の切歯および犬歯は、縫合や治癒の妨げになると思われたため抜歯し、残った歯槽骨の表面はロンジュールでトリミングして平坦になるように整えた。剥離して伸ばした皮膚がフラップ状に広がったため、口唇部と歯肉の辺縁を5-0モノフィラメント吸収糸（PDSⅡ）で単純結節縫合を行った。次いで、皮膚の創縁の真皮どうしを4-0モノフィラメント吸収糸で単純結節縫合を行った（図6-13-D）。翼付静脈針を利用したドレーンチューブを設置し（図6-13-E）、最後に皮膚を4-0ナイロン縫合糸で縫合、閉鎖した（図6-13-F）。抗菌薬は、術前にセフォベシンナトリウムを皮下投与した。

術後は、皿からの自力摂食を避けて、ウェットフードを団子状に丸めたものを手から直接与えるようにした（図6-13-G）。食欲は非常に旺盛で、一般状態も良好であった。手術翌日は術創全体に腫脹がみられ、ドレーンチューブからの漿液の吸引は、最初の数日間は1日4〜5 mL程度みられたが、次第に減少した。約10日後に抜糸した（図6-13-H）。

追記

当初は「安楽死」を勧められるような状況であった。しかし、献身的な介護と驚異的な回復力によって手術にも耐え、術後の経過もよく、退院後はQOLが完全に保たれた状態で元気に生活している。結果としては、基本的には皮膚欠損創というより裂創であったため、裂けて丸まった皮膚を伸ばすことで創面を覆うことができた。また、口唇の皮膚が残っていたことも幸いであった。

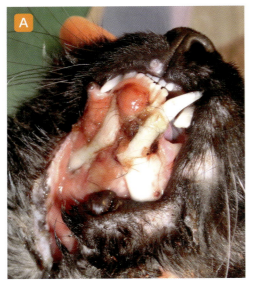
下顎に生じた裂創。下顎骨が露出していた。

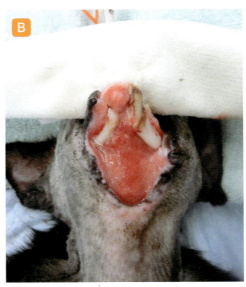
術前の毛刈りとスクラブを終えた状態である。

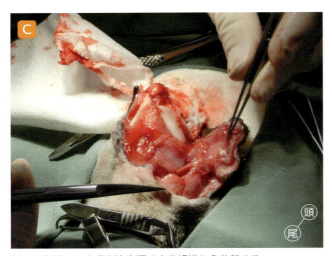
裂けて収縮した皮膚を注意深く肉芽組織から分離する。

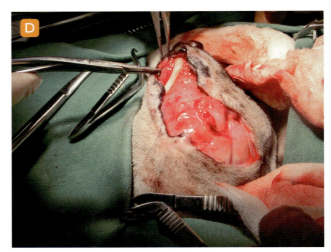
分離した皮膚を創面に被せて創縁を縫合する。

図6-13　猫の下顎の皮膚欠損創

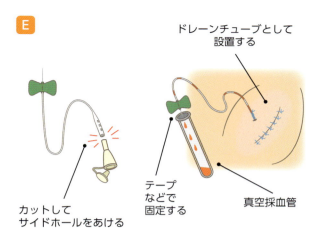

翼付静脈針と真空採血管を利用した持続陰圧ドレーン。

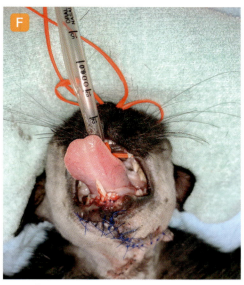

すべての縫合が終了したところ。

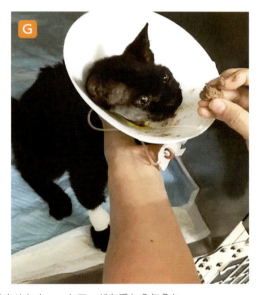

術後は丸めたウェットフードを手から与えた。

抜糸後の状態である。QOLに問題はなく、口を閉じていれば外観もそれほど気にならない。

症例で理解する創傷管理

119

症例⑭　犬の咬傷による皮膚欠損創（肘関節頭側）

3歳齢、未去勢雄、ヨークシャー・テリア。3カ月ほど前、散歩中にほかの犬に右上腕部遠位（肘の頭側）を咬まれ、近医にて縫合手術を受けたが離開してしまったとのことである。その後、ドレッシング材による保存的管理などを継続していたが治癒せず、創の管理に難渋したため、当院の受診を勧められて来院した。

問題点

初診時には、創を覆ったベテキチンが創面にしっかりと固着していたため（図6-14-A）、これを除去する際に出血と疼痛をともなう状況である。ドレッシングは伸縮性のバンデージで比較的しっかりと巻かれ固定されているため、創面に強い圧迫と食い込みが生じている。同時に、創とは反対側の肘頭の皮膚にもバンデージによる擦過・圧迫創ができはじめている。創面には赤く炎症をともなう肉芽組織の増殖がみられるが、創が収縮している様子はみられない。また、ポケットなどの形成はなかった（図6-14-B、6-14-C）。

ICと治療プラン

まずドレッシング材の選択とバンデージの巻き方を改善する必要があると考えられる。当面は保存的管理にて二次治癒を目指すこととする。1カ月ほど経過をみて治癒が進まない場合は、浅頸アキシャルパターン・フラップなどの皮弁手術も選択肢として考えることとする。また、関節可動部の皮膚欠損創であるため、飼い主には二次治癒によって強い瘢痕拘縮が生じて肢の機能的な障害が残る可能性があること、このような場合には（治癒後に）皮弁による修正手術（症例⑥を参照）を行う可能性があることなどを説明する。

処置内容と経過

毛刈りが不十分であったため、創周囲の毛刈りを行い、微温湯およびプロントザン創傷洗浄用ソリューションで創周囲の汚れを拭き取って清潔にした。創面にプロントザン創傷用ゲルを適量充填し、適切なサイズにカットしたズイコウパッドにて被覆した後、バンデージで固定した。バンデージは肘を曲げた際に肘窩に食い込まないようにすることと、肘頭にバンデージがかからないようにすることで、創および周辺皮膚への損傷を最小限にするよう注意した（図6-14-D）。

当初は1日おきの通院を指示した。約1週間後、痛みがなくなり自宅でのドレッシング交換が可能であったため、自宅にて1日おきにドレッシング交換を行ってもらうことにした。初診から16日後、創面は良好な肉芽組織に覆われ、創の著しい収縮と創縁に上皮化がみられた（図6-14-E）。その後は7～10日ごとに通院を指示し、初診から約40日で上皮化が完了した（図6-14-F）。また、関節可動域に影響を及ぼすような瘢痕拘縮はほぼ生じなかったため、このまま治療終了とした。

追　記

受傷から3カ月という期間を考えると「慢性創」といってもよいが、縫合と離開を繰り返したり、バンデージによって継続的に受傷していたことなどが、結果として創の慢性・陳旧化を妨げ、長期にわたり急性創の状態が維持されていたものと思われた。これがドレッシングおよびバンデージングの改善のみで治療が進んだ要因であったかもしれない。また、症例が3歳齢という比較的若齢の犬である点や、飼い主の理解度も高く、自宅でのバンデージ交換を適切に行うことができた点も、保存的管理が奏効した大きな要因の1つであると考えられた。

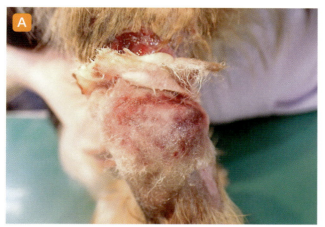
初診時。ベテキチンが創面に固着していた。

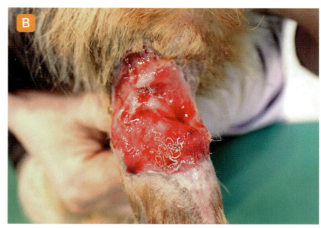
ベテキチンを除去した創面（正面）である。

ベテキチンを除去した創面（側面）である。

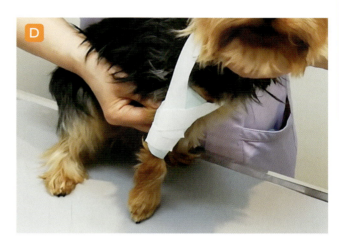
バンデージの動画。

https://e-lephant.tv/ad/2003580

治療開始より16日後。

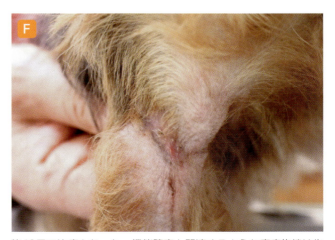
約40日で治癒となった。機能障害と関連するような瘢痕拘縮は生じなかった。

図6-14 犬の咬傷による皮膚欠損創（肘関節頭側）

症例⑮　猫の足根部の慢性創

11歳齢、避妊雌、日本猫（雑種）。1年前に舐め壊しに起因した右足根部の皮膚損傷のため、近医にてバンデージを巻いたり抗菌薬やステロイドの投与などの治療を受けていたが、徐々に悪化してきた。二次診療施設の皮膚科を紹介されドレッシング管理をしていたが改善せず、これ以上の治療のためには、プレートによる関節固定術を行う必要があるといわれた、とのことで当院を受診した。

問題点

当院初診時の状態は、ドレッシング材が創面に固着しており激しい疼痛をともなっていた（図6-15-A）。おそらく、血液や滲出液を吸って乾燥したハイドロファイバー（アクアセルAg）が痂皮と一体化して1枚の板状の塊となっており、これが創面と固着している状態であった[13]。温めた生理食塩水でふやかしながら少しずつ除去することで（図6-15-B）、ようやく創面が現れた。創面は血餅のような赤黒い組織で覆われており、健康な肉芽組織の増殖はほぼみられなかった（図6-15-C）。創周囲の毛刈りも不十分であり、また創周囲の皮膚は創面と癒合しておらず、浮いた状態であった。

ICと治療プラン

猫の慢性創であり、範囲も広くドレッシング管理も困難な部位であることから、二次治癒はほぼ望めないと思われる。創面および創周囲の状態が著しく不良であり、ほぼ正常な治癒過程にないと思われることから、まずは適切なドレッシング管理を継続して、創面の状態を安定させることを優先する。その後に手術による外科的閉鎖を試みることとする。

創面は、右後肢足根部の外側から内側にかけてほぼ1周（アキレス腱の部分に幅5 mmほどの細い橋状の皮膚が残っているのみ）にわたり皮膚が欠損しており、逆行性伏在導管フラップの適用は困難であると思われる。したがって、手術法のオプションは浅尾側腹壁アキシャルパターン・フラップ（前述）、遠隔皮弁[14]（第5章「皮膚の縫合」を参照）、ペンギン・フラップ（筆者考案・詳細は後述）、パンチ・グラフト（前述）などの植皮が考えられる（表6-1）。

処置・手術内容と術後経過

創面にこびりついたドレッシング材を慎重に剥がし、生理食塩水で軽く洗浄した後、バリカンで創周囲の毛を刈った。一次ドレッシングとして50%グルコース液に浸したwetガーゼで創面を覆い、二次ドレッシングとして穴あきポリ袋と吸水性パッド（母乳パッド）を使用したドレッシング管理（第2章の図2-3を参照）を実施し、連日交換とした。

---

[13] 第2章の図2-10、図2-11で示したものと同様の状況である。ハイドロファイバーは滲出液を吸ってジェル状になり、湿潤環境を保つドレッシング材である。本来、ポリウレタンフィルムなどの水分の蒸発を防ぐ二次ドレッシングと組み合わせて使用しなければならない。単独で使用すると、乾燥してこのような状況になる。

[14] 肢端部の皮膚欠損創に対して、フラップ状またはポケット状に切開した体幹部（脇腹あたり）の皮膚に患部をいったん縫いつけて固定し、生着したら切り離して欠損部を覆う形成外科テクニックである。

初診時、ドレッシング材と創とが固着して除去が困難な状態であった。

激しい疼痛をともなうため、ふやかしながら慎重にドレッシング材を除去した。

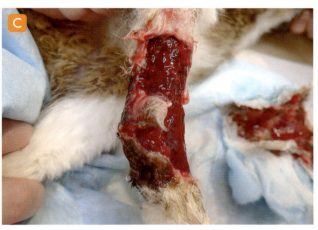
ドレッシング材を除去した後の創の全容（外側）である。

図6-15　猫の足根部の慢性創

（125ページへつづく）

表6-1　各手術法の利点・欠点（Pros & Cons）とうまくいかなかったときの対処（リカバリー）

	浅尾側腹壁アキシャルパターン・フラップ	遠隔皮弁	ペンギン・フラップ	パンチ・グラフト
Pros	・アキシャルパターン・フラップのなかでは比較的難易度が低い。	・血行不良による皮弁壊死のリスクが低い。	・皮弁壊死のリスクが低い。 ・1度の手術で済む。 ・術後のバンデージ管理などが不要である。	・手技がそれほど難しくない。
Cons	・フラップの距離をより遠位に伸ばすと、皮弁壊死のリスクが上昇する。 ・とくに関節内側に使用した際には"折れ曲がり"による血行遮断*が心配である。	・術後の患肢のバンデージ固定が難しい。 ・切り離しのために2度の手術が必要となる。	・皮膚の突っ張りによる歩行への影響？（筆者の経験的にはない）	・原則的に2度の手術（不良肉芽組織掻爬・グラフト移植）が必要である。 ・術後に慎重なドレッシング管理が必要である。 ・移植片の脱落のリスクがある。 ・外観があまりよくない。 ・皮膚の強度に問題が残る場合がある（とくに関節可動部）。
リカバリー	・血行不良によって皮弁壊死するのは、たいていの場合、先端1～2cmほどの範囲である。そのため、壊死したら早期にデブリードマンを施して、二次治癒に向けたドレッシング管理を実施する。	・辺縁部の部分的な壊死の場合は、そのまま二次治癒を目指す。 ・全域が脱落した場合は、残る3つの方法から選択する。	・辺縁部の部分的な壊死の場合は、二次治癒を目指す。 ・創離開によってもとの状態に戻った場合は、残る3つの方法から選択する。	・パンチ・グラフトの場合は移植片が複数個のため、全部が脱落することはあまりない。 ・残存したグラフトをそのまま育てる、または同処置を複数回繰り返すこともできる。

*乳腺の組織に厚みがあるため、乳腺をフラップとして使用すると、関節部で折れ曲がった状態が継続し血行不良を生じるリスクが高くなると筆者は考えている。皮下脂肪の多い犬で長大なフラップを作製した場合も、同様の懸念が生じるかもしれない。対処法として関節固定も考えられるが、筆者は実施したことがない。

2日後には、創面の血色および周囲の皮膚の状態が改善された（図6-15-D、6-15-E）。そのため、ドレッシング材をプラスモイストDCRと母乳パッドに切り替え、バンデージで固定し、連日〜1日おきの交換を継続した。約3週間後、創面は肉芽組織に覆われ、浮いていた周辺の皮膚も肉芽組織と癒合していた（図6-15-F、6-15-G）。しかし、創の収縮や上皮化はあまり進んでいなかったため、手術による創閉鎖を実施することとした。

全身麻酔下にて創面の肉芽組織の掻爬および創縁皮膚を鋭利に切除した（図6-15-H）。次いで、創傷部近位の膝〜大腿部前面の皮膚をランダム・フラップとして両サイドの皮膚を切開した。血管や皮膚の損傷に注意しながら、フラップ下を鼠径部〜下腹部近くまでUndermineした（図6-15-I）。膝関節を曲げて近位方向にスライドさせながら、フラップ部分を下方に引っ張って創面全体を覆う（図6-15-J）。スキンフックを使用して真皮と皮膚を順次縫合した（図6-15-K）。術前にセフォベシンナトリウムを皮下投与し、術後はフェンタニルの持続静脈内投与による疼痛管理を一晩行った。

術後2〜3日間はフラップ縫合部より遠位の肢端部に軽度の浮腫がみられたが、次第に改善した。バンデージ管理は行わなかった。術後5日目に退院、術後約2週間で抜糸した。退院1カ月後のチェックでは、皮膚の突っ張りなどを気にすることもなく普通に歩いたり走ったりして、自由に運動しているとのことであった（図6-15-L）。

▌追　記

足根部付近の皮膚欠損創に対する皮弁手術テクニックの選択肢はあまり多くない。小さな欠損であれば、小規模なランダム・フラップを作製して、伸展皮弁（患肢に対して縦軸方向に伸展すること。横軸方向への伸展は血行不良を引き起こし、最悪の場合は患肢の壊死・脱落を引き起こすリスクもある）で閉鎖するか、症例⑪で示したような逆行性伏在導管フラップを利用することもできる。しかし、本症例のような広範囲の皮膚欠損創には適用できない。ここで紹介した方法はランダム・フラップ（伸展皮弁）の応用である。一般的なランダム・フラップよりもUndermineの範囲を近位にまで広げ、さらに膝関節を曲げて体幹部近くまでスライドさせることで、フラップの伸展距離をより遠位に伸ばす方法である。これは筆者が考案した方法である。膝が下腹部の皮下に"埋まった"状態がちょうどペンギンが直立している際の姿に類似しているため（図6-15-M）、筆者はこれを「ペンギン・フラップ：Penguin Pouch Flap」と呼んで、一般的なランダム・フラップと区別している。

本書執筆の時点で、筆者は「ペンギン・フラップ」を5頭の猫の症例に実施しているが、術後に歩行や運動に障害が残った例は経験していない。これはおそらく、猫の運動機能や皮膚の伸展性が優れていることも幸いしているのではないかと考えている。また、この方法はフラップの基部を広く取ることができるため、ランダム・フラップとはいえ血管の流入が比較的多く、皮弁壊死のリスクがきわめて低いと思われる。

同時点において、犬に対して本テクニックを使用したことはないため、猫と同様の術後経過をたどるかどうかは、現状では不明である。猫と比較すると、犬は起立時に後肢を体幹に対してピンと後方に伸ばして立っている場合が多い。そのため、フラップの伸展距離が長いと、術後に皮膚の突っ張りを気にして患肢を挙上する、などの症状が現われるかもしれない。しかし、少なくとも猫においては、足根関節付近の皮膚欠損に対する皮弁手術テクニックとして、「ペンギン・フラップ」は非常に優れた選択肢の1つであると考えられる。

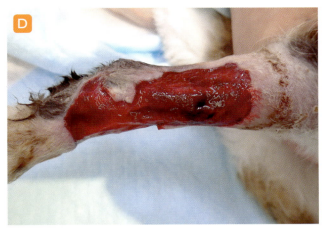
治療開始2日後の創面(外側)である。

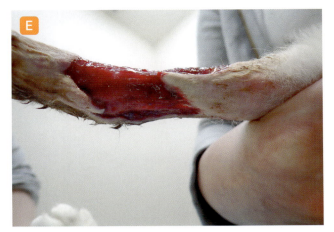
治療開始2日後の創面(内側)である。

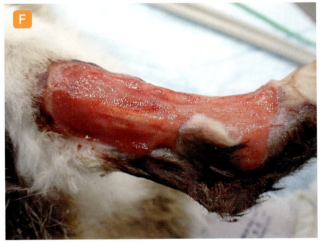
さらにドレッシング管理を継続した。創面が肉芽組織に覆われていた(外側)。

Fと同じ。内側からの様相である。

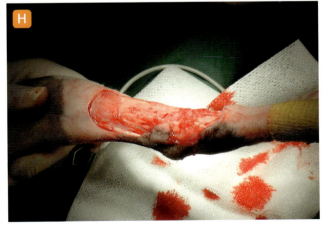
創縁の皮膚と創面の慢性肉芽組織を除去した。

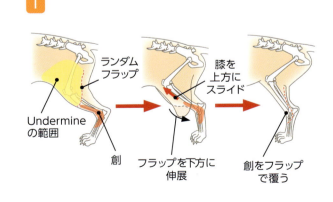
ペンギン・フラップ(Penguin Pouch Flap)の解説。

図6-15 猫の足根部の慢性創(つづき)

(次ページへつづく)

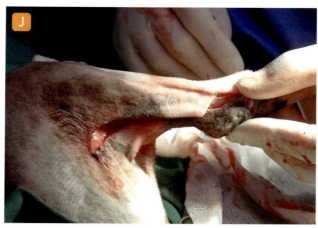

膝〜大腿部に作出したランダム・フラップを近位まで十分にUndermineした後、膝の位置を上方にスライドさせながらフラップを下方に伸展させて、創面を覆う位置で縫合する。

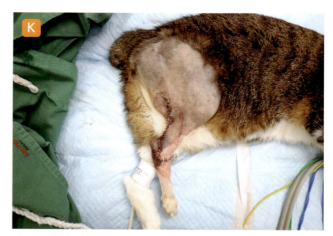

すべての縫合が終了したところ。患肢は膝を軽く曲げた状態となる。

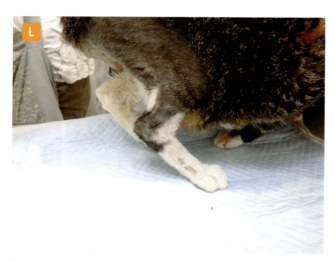

術後1カ月、歩行などの運動に支障はみられなかった。

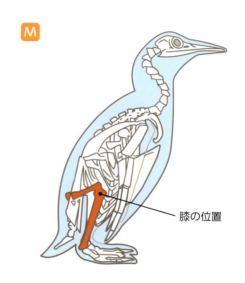

「ペンギン・フラップ」命名の由来。膝関節は屈曲したまま体内に"埋まって"おり、いわゆる「空気椅子」のような状態で起立している。

図6-15 猫の足根部の慢性創（つづき）

索　引

■ あ

アキシャルパターン・フラップ	73,81
アルギン酸塩	33

■ い

移植片	81
一次治癒（一期癒合、一次閉鎖）	11
一次ドレッシング	30

■ え

遠隔皮弁	82
炎症期	13

■ お

汚染	10

■ か

回転皮弁（回転フラップ）	76
開放性創傷	8,9
割創	8
環行帯	45
感染	10

■ き

傷	8
亀甲帯	45
ギプス下巻用クッション包帯	43
急性創	9

■ く

グラフト（植皮）	81
クリティカル・コロニゼーション	10

■ け

外科的デブリードマン	19
減張切開	78

■ こ

咬傷	9
咬創	9
絞扼創	9
コロニゼーション	10

■ さ

サージカルテープ	43
挫傷	8
挫創	8
擦過創	9
三次ドレッシング	42
三節帯／三角巻き	46

■ し

自己融解（化学）的デブリードマン	21
持針器	64
刺創	8
持続陰圧療法／局所陰圧閉鎖療法	37
自着性保護包帯	43
湿潤環境	18
出血凝固期	12
術後衣	50
受動的ドレーン	22
衝撃吸収材	43
褥瘡	11
褥瘡診療ガイドライン	37
シリコンガーゼ	35
人工真皮	35
親水性ファイバー	33
新鮮外傷	68

索　引

新鮮創 ……………………………………… 9,68
伸展皮弁（U字）………………………………… 75
真皮 ………………………………………………… 62
真皮縫合 ………………………………………… 65,68

■ す

スキンステープラー ………………………… 64,67
スキン・フォールド …………………………… 99
スキンフック ……………………………… 64,65
スクエア・ノット ……………………………… 71
スリップ・ノット ……………………………… 71

■ せ

成熟期 …………………………………………… 13
鑷子 ……………………………………………… 64
切創 ……………………………………………… 8
折転帯 …………………………………………… 45
セルロースアセテート ……………………… 36
遷延性一次治癒（三次治癒）………………… 12,68
洗浄 ……………………………………………… 19

■ そ

創 ………………………………………………… 8
創縁 …………………………………………… 8,68
創腔 ……………………………………………… 8
双茎 ……………………………………………… 82
創口 ……………………………………………… 8
創傷 ……………………………………………… 8
創傷の治癒過程 ……………………………… 12
創傷被覆材 …………………………………… 30
増殖期 …………………………………………… 13
創底 ……………………………………………… 8
創面 ……………………………………………… 8

■ た

ダブル伸展皮弁（H字）……………………… 75
単茎 ……………………………………………… 82
単純結節縫合 ………………………………… 64,71
弾性包帯 ………………………………………… 43

■ ち

張力線 …………………………………………… 63

■ て

定着 ……………………………………………… 10
デグロービング創 …………………………… 9
テーピング用テープ ………………………… 43
デブリードマン ……………………………… 19
転位皮弁（転位フラップ）…………………… 76
テンション ……………………………………… 63
テンションライン ……………………………… 63

■ と

ドッグイヤー …………………………………… 76
ドナーサイト ………………………………… 67,81
ドレッシング材 ……………………………… 30
ドレナージ ……………………………………… 22

■ な

ナイロン縫合糸 ……………………………… 22,65

■ に

肉芽組織 ………………………………………… 68
二次治癒（二期癒合）………………………… 12
二次ドレッシング …………………………… 30

■ ね

熱傷 …………………………………………… 11
粘着性伸縮包帯 ……………………………… 43

■ の

能動的ドレーン ……………………………… 23
ノット ……………………………… 64,66,71

■ は

バイト ………………………………………… 66
ハイドロコロイド …………………………… 34
ハイドロジェル …………………………… 21,32
ハイドロファイバー ………………………… 33
麦穂帯 ………………………………………… 46
剥脱創 ………………………………………… 9
剥皮創 ………………………………………… 9
剥離創 ………………………………………… 9
パンチ・グラフト ………………………… 81,112
バンデージ …………………………………… 42
反復帯 ………………………………………… 46

■ ひ

皮下組織 ……………………………………… 62
皮下剥離 ……………………………………… 9
皮膚欠損創 …………………………………… 71
皮膚接合用テープ（ステリテープ）…… 64,67
皮膚縫合 ……………………………………… 65
表皮 …………………………………………… 62
表皮縫合 ……………………………………… 65
表面的剥脱創の再生治癒 …………………… 12
ピンチ・グラフト …………………………… 81

■ ふ

物理（機械）的デブリードマン …………… 20
フラップ（皮弁）……………………………… 81
不良肉芽組織 ………………………………… 13

■ へ

ペンギン・フラップ ………………… 123,124
ペンローズ・ドレーン ……………………… 22

■ ほ

縫合糸 ………………………………………… 71
包帯 …………………………………………… 42
ポケット創 ………………………… 10,24,68
ポリウレタンフィルム（フィルムドレッシング）…… 31
ポリウレタンフォーム ……………………… 32

■ ま

巻軸包帯 ……………………………………… 43
慢性創 ………………………………………… 9

■ め

メッシュ・グラフト ………………………… 81

■ も

モノフィラメント吸収糸 ……………… 64,71

■ よ

杙創 …………………………………………… 9

■ ら

螺旋帯 ………………………………………… 45
ランダム・フラップ ………………… 73,75,81

■ り

両面テープ …………………………………… 43
臨界的定着 …………………………………… 10

索　引

■ れ
レシピエントサイト 81
裂創 9

■ ろ
瘻管 26

〈欧文ではじまる語〉
Colonization 10
Contamination 10
Critical colonization 10
Fascia 74
Infection 10
Moist wound healing 18
Negative pressure wound therapy：NPWT 37
TIME 18
TIMERS 18
Undermine 73
V-Yプラスティ 75
Walking suture 72
wet-to-dry dressing 20
wet-to-wet dressing 20
Wound 8
Wound bed preparation 18
Zプラスティ 75

執筆者プロフィール

山本剛和　TAKAYORI, YAMAMOTO
（動物病院エル・ファーロ）

1995年3月　日本獣医畜産大学（現 日本獣医生命科学大学）獣医学科卒業
1995年4月　日高軽種馬農業協同組合（北海道）にて競走馬の臨床研修
1997年5月　日本獣医畜産大学付属家畜病院にて研修医
2000年2月　Animal Wellness Center（東京都田無市）院長
2005年2月　東京都大田区で動物病院エル・ファーロを開設

東京都出身。幼少期～青春期を福島県原町市（現 南相馬市）で過ごし、馬やポニーと身近に接したことから獣医師を目指す。現在の診療対象は犬、猫が中心。趣味は映画を観ること（年間100本程度）と音楽を聴くこと（ロック、ジャズ、ポップス、クラシック、フラメンコ～最近では昭和歌謡やアニソンにまで触手を広げている）、ギターを弾くこと。最近の悩みはギター、ウクレレ、バンジョーなど弦楽器の所有本数が10本を超えて置き場所がないこと。

小動物基礎臨床技術シリーズ
創傷管理 —ドレッシングと縫合—

2024年8月1日　第1版第1刷発行

著　　　者　　山本剛和
発　行　者　　太田宗雪
発　行　所　　株式会社 EDUWARD Press（エデュワードプレス）
　　　　　　　〒194-0022　東京都町田市森野1-24-13　ギャランフォトビル3階
　　　　　　　編集部：Tel. 042-707-6138 ／ Fax. 042-707-6139
　　　　　　　販売推進課（受注専用）：Tel. 0120-80-1906 ／ Fax. 0120-80-1872
　　　　　　　E-mail：info@eduward.jp
　　　　　　　Web Site：https://eduward.jp（コーポレートサイト）
　　　　　　　　　　　　https://eduward.online（オンラインショップ）

表紙デザイン　　アイル企画
本文デザイン　　飯岡恵美子
イ ラ ス ト　　はやしろみ
組　　　版　　市川泰久
印刷・製本　　瞬報社写真印刷株式会社

乱丁・落丁本は、送料弊社負担にてお取替えいたします。
本書の内容に変更・訂正などがあった場合は弊社コーポレートサイトの「SUPPORT」に掲載されております
正誤表でお知らせいたします。
本書の内容の一部または全部を無断で複写・複製・転載することを禁じます。

© 2024 EDUWARD Press Co., Ltd. All Rights Reserved. Printed in Japan.
ISBN978-4-86671-227-7　C3047